AF366595

Les indispensables
de la mécanique
quantique

Roland OMNÈS

Les indispensables de la mécanique quantique

Préface

Ce livre s'adresse à tous ceux qui désirent mieux comprendre l'essentiel de la physique quantique, au niveau le plus simple que le sujet permet. On a dit longtemps que cette science était aussi vérifiée qu'incompréhensible, aussi puissante qu'étrangère au sens commun, et l'un de ses meilleurs connaisseurs, Richard Feynman, écrivait encore en 1965 : « Je peux affirmer avec certitude que personne ne comprend la mécanique quantique. » Beaucoup de choses ont été découvertes et comprises depuis et ce qu'on désigne par « l'indispensable » dans ce livre est donc l'essentiel nécessaire afin de comprendre.

Cela passe évidemment par une introduction aux principes de la théorie quantique, faisant l'objet des deux premiers chapitres. J'aurais aimé pouvoir présenter ce thème au niveau le plus simple, celui de la vulgarisation, mais c'était impossible. La physique quantique est en effet une science formelle, indissociable de son langage mathématique, qui s'avère donc inévitable. On l'accuse souvent de constituer à lui seul un obstacle pour qui ne le possède pas, aussi a-t-on pris ici une voie médiane. Les connaissances mathématiques indispensables ont été rassemblées dans un appendice et elles ne devraient présenter aucune difficulté pour un élève des classes préparatoires ou du premier cycle universitaire ; peut-être même sont-elles accessibles avec un bagage de terminale scientifique, du moins pour l'impression générale.

J'ai voulu que ce livre ne cache rien de ce qui est intrinsèquement difficile à comprendre, du seul fait que l'intuition s'y refuse. C'est pourquoi l'une de ses originalités est de montrer pourquoi le cerveau humain, fait pour un monde à grande échelle, ne peut pas se représenter les phénomènes d'un monde infiniment petit, aux lois si différentes de ce qui nous est familier. Heureusement, les progrès accomplis dans la connaissance du cerveau permettent de reconnaître ces obstacles pour ce qu'ils sont, c'est-à-dire des limites qui nous sont propres. Ainsi, le principe de superposition, qui constitue la base de la réalité quantique avec le hasard absolu, n'appartient pas à nos processus mentaux. En revanche, il y a quelque chose d'admirable dans le fait que des concepts mathématiques, conçus par ce même cerveau, soient capables d'accéder aux lois de ce monde extrême.

Après avoir posé les principes et circonscrit les obstacles, on peut passer aux explications, en présentant les trois grandes idées qui ont révolutionné la compréhension du monde quantique au cours des dernières décennies : la décohérence, la logique quantique et l'émergence de la physique classique du sein des lois quantiques.

La décohérence est un effet, longtemps resté insoupçonné parce qu'il était si efficace et rapide que les expériences ne le saisissaient pas. Il fallait donc imaginer son existence et le révélateur en fut un célèbre problème, celui du « chat de Schrödinger ». Théoriquement, certaines superpositions quantiques auraient dû se manifester à grande échelle et on n'observait rien de pareil. Pourquoi ? La théorie quantique était-elle incomplète, comme Einstein le pensait ? Quelques chercheurs adoptèrent au contraire une hypothèse opposée : les principes quantiques étaient fiables, mais on n'en avait pas vraiment déduit toutes les conséquences. Des réflexions et des travaux qui s'étendirent sur plus d'un demi-siècle conduisirent à cette réponse : il existait un effet indispensable, appelé « décohérence », qui résolvait théoriquement le problème du chat de Schrödinger et que l'expérience confirma en 1996. C'est ce qu'on explique au chapitre 5.

Une autre originalité de ce livre apparaît à cette occasion. Un exemple simple montre en effet qu'il faut distinguer les expériences selon qu'on les conçoit ou qu'on les réalise. Certaines expériences de pensée, comme celles qu'on pourrait imaginer et qui ressusciteraient le chat de Schrödinger, sont concevables intellectuellement, formulables par les mathématiques, mais intrinsèquement irréalisables parce que l'univers est fini. Il s'agit là d'une limitation non plus humaine, mais imposée par la nature. De ce fait, la décohérence répond vraiment au redoutable problème qui avait arrêté les pionniers et provoqué des interrogations sans fin. Cet exemple a influencé la conception de ce livre en me dissuadant d'y mettre en avant des considérations philosophiques, qui n'apportent rien tant que la science n'a pas répondu elle-même.

Un autre problème qui faisait obstacle avait pour paradigme la dualité onde-particule. Comment pouvait-on attribuer à un même objet des caractères aussi incompatibles que ceux d'une onde et d'une particule ? Le chapitre 6 est consacré à cette question et à sa réponse, apportée par certaines « histoires » inventées par Griffiths en 1984.

Là encore, il m'a fallu dépasser le stade des controverses pour essayer d'atteindre l'indispensable. Aussi, j'insiste dans ce chapitre sur le fait que ces histoires ont pour unique objet de relier le langage ordinaire, nécessaire à la pensée et à la communication des idées, au langage mathématique de la théorie, le seul assez ferme pour exprimer celle-ci. C'est donc un outil fait pour comprendre et il a bien montré cette capacité en dissolvant, en éliminant peu à peu, tous les paradoxes qui avaient longtemps alourdi la compréhension des règles quantiques.

Le troisième problème crucial résidait dans l'opposition de deux versions de la physique, l'une classique et l'autre quantique. Là aussi, des progrès décisifs ont été accomplis et font l'objet du chapitre 7. On y montre comment la physique classique émerge des seules lois quantiques, dans le monde macroscopique. Ainsi, une ancienne énigme se trouve résolue, qui disait incompatibles le déterminisme classique et le hasard quantique. Le premier est en fait une conséquence directe du second, comme son énoncé actuel le montre : dans des conditions connues, précises, le déterminisme est parfaitement applicable, mais la *probabilité* pour qu'il soit erroné n'est pas totalement nulle. On peut la calculer et elle est si minuscule dans presque tous les cas qu'il est légitime de la négliger en affirmant qu'il est vrai qu'il existe des causes et des effets.

Le dernier chapitre raccorde les résultats obtenus aux travaux antérieurs, en particulier les célèbres « règles de Copenhague » dues pour l'essentiel à Bohr, qui permettaient d'exploiter les mesures expérimentales. Il apparaît maintenant qu'elles sont des conséquences directes, démontrables, des principes fondamentaux et non des axiomes supplémentaires et en partie mystérieux.

Est-ce à dire que tout est cerné ? Certainement pas, car les frontières de la physique quantique se déplacent toujours. Beaucoup d'inconnues demeurent quand on s'approche de la limite où elle devrait confluer avec la relativité générale, la nature de l'espace-temps et l'univers primordial. Ces recherches fascinantes n'entrent cependant pas dans le cadre de ce livre. Une autre frontière de la connaissance réside encore dans le fait le plus évident, l'unicité de la réalité, que la théorie quantique n'explique toujours pas. L'ancienne hypothèse d'une « réduction de la fonction d'onde » a disparu avec la décohérence, mais quelque chose de son essence demeure dans le mystère de la réalité unique. On a fait un grand progrès cependant, car on sait que cette unicité est *compatible* avec les principes quantiques. Compatible sans être une conséquence et donc ouvrant sur un nouveau mystère : j'estime pour ma part qu'il est bon que cette béance nous ramène à l'humilité devant la nature.

Je reste reconnaissant à mes étudiants pour m'avoir incité à cette quête de clarté, ainsi qu'aux physiciens qui m'ont influencé au fil des années, en particulier Roger Balian, Jean-Louis Basdevant, Edmond Bauer, John Bell, Serge Caser, Claude Cohen-Tannoudji, Bernard d'Espagnat, Marcel Froissart, Murray Gell-Mann, Robert Griffiths, James Hartle, Serge Haroche, Albert Messiah, Asher Peres, Abner Shimony, Walter Thirring, Arthur Wightman, H-Dieter Zeh et Wojciech Zurek, dont les influences apparaissent ici en maints endroits.

CHAPITRE 1

Le possible et le hasard

Tôt ou tard, quand on étudie la mécanique quantique, il faut en venir à énoncer ceci : au commencement, il y a les fonctions d'onde et leur mouvement est décrit par l'équation de Schrödinger. Aussi, dans ce livre, commencerons-nous par là.

Rappelons d'abord quelques points d'histoire et comment l'idée d'une fonction d'onde est apparue pour la première fois. En 1923, Louis de Broglie avait imaginé qu'une onde puisse être associée à une particule, par exemple à un électron. Il s'appuyait pour cela sur une analogie avec la lumière dont on savait depuis longtemps que c'était une onde et, plus récemment, qu'elle était aussi constituée de photons, des particules imaginées par Einstein en 1905 et confirmées alors depuis peu par les expériences d'Arthur Compton. En 1926, Erwin Schrödinger analysa les conséquences de cette idée avec de solides moyens mathématiques, en désignant cette onde par $\psi(x, t)$ dans le cas d'une particule de position x, le temps étant désigné par t. Il obtint ainsi une équation remarquable qui donnait l'évolution de la fonction d'onde $\psi(x, t)$, la célèbre « équation de Schrödinger » dont les conséquences éclairaient toute la physique de l'atome.

On se demandait cependant ce qu'était cette onde, qu'on ne connaissait qu'au travers des mathématiques. Quel fluide de particules, quelles vibrations ou quel nouveau registre de la matière représentait-elle ? La réponse fut trouvée à la fin de cette même année 1926 par Max Born, en étudiant l'évolution de l'onde dans le cas d'une expérience de collision et en comparant les résultats aux données expérimentales. On avait remarqué depuis longtemps que les phénomènes mettant en jeu des atomes ou des particules avaient un caractère aléatoire, quand on les observait avec des chambres à ionisation, des compteurs Geiger ou des écrans à scintillation. Born fit de cette observation une règle, en associant l'existence de la fonction d'onde à la présence d'un hasard absolu. Selon ses conclusions, la fonction d'onde d'une particule déterminait la probabilité $dp(x, t)$ pour que cette particule soit observée au temps t en un point x, ou plus précisément dans un élément de volume infinitésimal d^3x au voisinage de x. La formule correspondante était donnée par :

$$dp(x, t) = \left| \psi(x,t) \right|^2 d^3x. \qquad (1.1)$$

Cette interprétation a été confirmée depuis lors par des expériences aussi précises qu'innombrables et on peut la tenir pour établie, mais aussi se demander ce que signifie ce hasard absolu. Born était déjà conscient du problème quand il écrivait : « À ce point, tout le problème du déterminisme surgit... Pour ma part, j'incline à l'abandonner dans le monde des atomes, mais c'est une question philosophique que des arguments physiques ne peuvent pas décider à eux seuls. »

On comprend la prudence de Born, car aucun livre consacré à la nature n'avait encore mis en question le déterminisme de la dynamique et, plus généralement, la causalité était tenue par les philosophes auxquels il faisait allusion comme une loi intangible et universelle. La fonction d'onde est intimement liée au hasard absolu et cela va nous servir de guide pour écrire et comprendre l'équation de Schrödinger.

L'existence de la fonction d'onde et sa signification probabiliste prennent tout leur sens quand on les rapporte à un caractère général des lois quantiques que j'appelle « l'universalité du possible ». On le verra apparaître graduellement au cours de ce livre et, pour commencer, on notera seulement l'existence du hasard absolu et une propriété mathématique de l'équation de Schrödinger dont on peut faire un principe : le principe de superposition.

Ce principe est familier dans le cas des ondes lumineuses ou sonores qui peuvent s'ajouter en donnant lieu à des interférences. On peut aussi le traduire comme un *principe de linéarité*, en soulignant la simplicité formelle de ce que recouvre le mot « linéaire ». Rappelons qu'une correspondance entre deux objets mathématiques ξ et η, écrite sous la forme $\eta = f(\xi)$, est dite linéaire quand elle vérifie les deux propriétés suivantes. On a d'abord la condition $f(\lambda\xi) = \lambda f(\xi)$ quand λ est un nombre et la propriété de superposition $f(\xi + \eta) = f(\xi) + f(\eta)$. Les coefficients multiplicatifs λ peuvent être, selon les cas, réels ou complexes et cette notion de linéarité s'étend à un domaine très vaste. On la retrouve dans l'algèbre linéaire (pour les polynômes homogènes du premier degré), dans la géométrie projective et dans l'analyse linéaire, celle-ci constituant un monument mathématique où les ondes ont leur place. Toute cette lignée de la linéarité constitue une ligne de crête dans le grand massif des mathématiques, avec des concepts relativement simples et une étendue considérable. De notre point de vue, le principe de superposition signifiera donc d'abord que la physique quantique s'appuie sur des mathématiques simples, du moins au niveau de ses fondements.

Bien que le thème essentiel de ce chapitre soit l'équation de Schrödinger, nous ne l'aborderons pas à la manière de Schrödinger mais d'une autre manière, introduite par Richard Feynman aux alentours de 1950. Cette méthode puissante révèle en effet une cohérence profonde entre le hasard absolu et le principe de superposition, lesquels apparaissent comme deux faces distinctes de l'universalité du possible, sur laquelle nous nous proposons d'insister en la présentant sous l'angle découvert par Feynman.

Il va de soi que la constante de Planck interviendra de manière cruciale dans ces considérations. On la désignera ici par $\hbar$, de préférence à la quantité h originaire, $\hbar$ ayant été définie par Dirac comme le quotient $\hbar = h/2\pi$. Elle s'avère souvent plus commode dans la pratique en allégeant les notations.

Des fonctions d'onde complexes

Schrödinger avait constaté que les fonctions d'onde avaient pour valeurs des nombres complexes. C'est le premier de leurs aspects qu'on va examiner.

Einstein avait introduit l'idée du photon afin d'expliquer les propriétés de l'effet photoélectrique ; il supposait que l'énergie E de cette « particule de la lumière » était liée à la fréquence v de l'onde électromagnétique par la relation $E = hv$, ce qui, compte tenu de sa vitesse égale à c, impliquait la relation $p = \hbar k$ entre l'impulsion du photon et le vecteur nombre d'onde k de l'onde lumineuse. Plus précisément, on peut introduire les composantes du champ électrique et du champ magnétique d'une onde plane monochromatique, qui sont toutes de la forme $A \cos(k.x - \omega t - \alpha)$ avec les notations suivantes : k est un vecteur dirigé le long de la direction de propagation de l'onde, de longueur $|k| = 2\pi/\lambda$ (λ étant la longueur d'onde), $k.x$ est le produit scalaire euclidien des vecteurs k et x, ω est la pulsation $2\pi v$ de l'onde et α une phase. Le coefficient multiplicatif A est associé à l'intensité de l'onde lumineuse.

On admettra avec de Broglie – comme l'expérience l'a d'ailleurs amplement confirmé depuis – qu'une particule libre d'impulsion p est représentée par une onde plane monochromatique, dont le vecteur nombre d'onde k est donné par $p/\hbar$ et l'énergie par $E = p^2/2m = \hbar\omega$ (m étant la masse de la particule). On serait aussi tenté de penser que la fonction d'onde se présente encore sous la forme $\psi(x, t) = A \cos\{(p.x - Et)/\hbar - \alpha\}$, mais on est vite conduit à abandonner cette idée. On va voir en effet que cette hypothèse apparemment naturelle contredit le principe de relativité et qu'on n'échappe à ce dilemme qu'en supposant des valeurs complexes de la fonction d'onde.

En effet, à un instant t donné, la probabilité de présence de la particule, proportionnelle à $\cos^2\{(p.x - E t)/\hbar - \alpha\}$ d'après la formule (1.1), s'annulerait partout où le cosinus s'annule, c'est-à-dire en des points séparés par la distance $L = \pi\hbar/p$. Mais le principe de relativité impose une même forme aux lois physiques dans tous les systèmes de référence galiléens. Dans le cas non-relativiste où nous nous plaçons, un observateur pourrait constater que la particule a été produite dans son référentiel avec une vitesse $v = p/m$. Il constaterait aussi que la probabilité s'annule en des points séparés par la distance L. Si un second observateur se déplaçait alors par rapport au premier avec une vitesse V parallèle à celle de la particule, la vitesse de celle-ci aurait pour lui la valeur $v' = v - V$ et une impulsion $p' = p - mV$, l'énergie étant alors $E' = p'^2/2\,m$. La fonction d'onde serait donc selon lui de la forme $A'\cos\{(p'.x - E't)/\hbar - \alpha'\}$ et les points où la probabilité de présence s'annulerait seraient séparés par une distance $L' = \pi\hbar/p'$, différente de L.

Or c'est impossible. En effet, à la limite où les vitesses v et V sont petites devant c, les distances sont invariantes dans un changement de référentiel. Les distances entre les points où les probabilités s'annulent ne peuvent donc pas être différentes pour les deux observateurs, ce qui signifie que la probabilité ne doit pas s'annuler dans ce cas.

Comment cela est-ce possible ? Pour étrange qu'elle paraisse quand on la rencontre pour la première fois, la réponse de la physique quantique est une fonction d'onde à valeurs complexes. Plus précisément, elle doit être dans le cas présent de la forme

$$A\exp[i\{(p.x - E\,t)/\hbar - \alpha\}]. \qquad (1.2)$$

Cette forme prédit en effet, selon la formule (1.1), que la probabilité d'observation est la même partout et il faut alors interpréter la quantité $|\psi(x,t)|^2$ comme le carré du module d'un nombre complexe !

Le caractère complexe de la fonction d'onde a donné lieu à de multiples études et tous les essais que l'on a tentés pour n'avoir affaire qu'à des quantités réelles se sont soldés par des échecs. En revanche, d'innombrables faits et des résultats remarquables, aussi bien théoriques qu'expérimentaux, ne s'expliquent que grâce aux nombres complexes. On fait souvent remarquer qu'à cause de ce caractère, la fonction d'onde n'est pas un objet physique concret ou, qu'en d'autres termes, elle est inaccessible à l'expérience, hormis par ses conséquences. C'est une situation surprenante, certes, que celle d'une physique où les concepts entrant dans les lois ne sont pas directement associés aux qualités manifestes d'un objet physique, mais aucun doute n'est plus permis à ce sujet après un siècle de physique quantique[1].

Les conséquences du principe de linéarité

Nous allons à présent essayer de trouver la loi qui détermine l'évolution de la fonction d'onde au cours du temps, c'est-à-dire l'équation de Schrödinger, en nous appuyant surtout sur le principe de superposition. Cette méthode, inaugurée par Feynman, entraîne quelques calculs, mais la manière dont nous allons l'aborder réduira ceux-ci au minimum.

Le problème que se posait Schrödinger était d'établir l'évolution de la fonction d'onde, c'est-à-dire sa dépendance en fonction du temps. Dans le cas d'une particule libre, qui va nous servir de guide, il s'agit donc de déterminer la fonction $\psi(x, t)$ à l'instant t à partir de sa valeur initiale $\psi(x, 0)$ à l'instant zéro. On va voir que la clef de ce problème est donnée par le principe de linéarité selon lequel la correspondance entre ces fonctions doit être linéaire. On a vu que cela signifiait deux conditions. La somme de deux fonctions d'onde $\psi(x, 0) + \phi(x, 0)$ évolue pour donner la somme $\psi(x, t) + \phi(x, t)$ et, si l'on multiplie la fonction $\psi(x, 0)$ par un nombre complexe λ, la fonction $\lambda\psi(x, 0)$ évolue pour donner la fonction $\lambda\psi(x, t)$.

Nous faisions allusion plus haut à la puissance de l'analyse linéaire en mathématiques. Un de ses résultats, le « théorème nucléaire » de Schwartz, assure dans ces conditions que la relation d'évolution est nécessairement de la forme :

$$\psi(x,t) = \int G(x,y;t)\psi(y,0)dy , \quad (1.3)$$

où $G(x, y\,;\,t)$ est une fonction qu'il s'agit de trouver[2]. Les variables x et y désignent dans le cas présent des points de l'espace ordinaire.

On peut préciser davantage la forme du « noyau » $G(x, y\,;\,t)$ en s'appuyant sur les propriétés physiques de l'espace et le fait qu'on ne considère que le cas d'une particule libre. L'espace, en effet, est homogène, c'est-à-dire pareil à lui-même en tous ses points. La physique d'une particule libre ne peut donc pas dépendre du choix de l'origine des coordonnées. Comme un changement d'origine correspond à une translation des points de l'espace par un vecteur arbitraire a, les points x et y deviennent $x \rightarrow x + a$ et $y \rightarrow y + a$ et les lois physiques ne peuvent pas dépendre de a ; elles ne dépendent que de quantités invariantes, c'est-à-dire en l'occurrence de la différence $x - y$. La fonction G est donc nécessairement de la forme $G(x - y\,;\,t)$. Comme de plus, l'espace est isotrope, c'est-à-dire identique à lui-même dans toutes les directions, la fonction G ne dépend pas de la direction du vecteur $x - y$, mais seulement de la quantité $(x - y)^2$, invariante par les rotations de l'espace.

On peut simplifier plus encore le problème en s'appuyant sur l'analyse dimensionnelle. La quantité $(x - y)^2$ a la dimension L^2 et la physique ne peut pas dépendre non plus du choix des unités de mesure. Il doit donc exister une autre quantité de dimension L^2 permettant de former une quantité sans dimension à partir de $(x - y)^2$. En recensant les paramètres à notre disposition dans le cas d'une particule quantique libre, on ne voit rien d'autre que la masse m de la particule et la constante de Planck $\hbar$. La dimension de celle-ci est celle d'une action, c'est-à-dire ML^2T^{-1} (la même que le produit LP d'une longueur par une impulsion, ou que le produit ET d'une énergie par un temps). Comme il n'est pas possible de former une quantité de dimension L^2 à partir de m et $\hbar$, il faut faire intervenir le seul paramètre encore à notre disposition, c'est-à-dire le temps t. On constate alors que la quantité $\hbar t/m$ est en effet homogène au carré d'une longueur et qu'il n'en existe pas d'autre. Ainsi, la fonction G ne peut dépendre que de la variable $m(x - y)^2/\hbar t$.

Pour aller plus loin, on va utiliser le caractère homogène du temps. Cette homogénéité signifie que le temps s'écoule toujours de manière identique et la dynamique d'une particule libre ne peut donc pas dépendre du choix de l'origine des temps. En jouant sur cette liberté, on va obtenir une propriété remarquable du noyau d'évolution G.

En partant de l'instant t au lieu de l'instant 0, on peut écrire de manière analogue à l'expression (1.3) le passage de la fonction d'onde $\psi(x, t)$ à sa valeur $\psi(x, t + t')$ après un intervalle de temps t', sous la forme :

$$\psi(z,\, t+t') = \int G(z,\, x\,;\, t')\psi(x, t)dx. \qquad (1.4)$$

Mais l'équation (1.3) donnait déjà une expression pour la fonction $\psi(z, t + t')$:

$$\psi(z, t+t') = \int G(z, y\,;\, t+t')\psi(y, 0)dy. \qquad (1.5)$$

En combinant les trois équations (1.3), (1.4) et (1.5), valables en principe pour n'importe quelle fonction d'onde initiale $\psi(y, 0)$, on constate que la fonction d'évolution G doit satisfaire la relation[3] :

$$G(z, y\,;\, t+t') = \int G(z, x\,;\, t')G(x, y\,;\, t)dx. \qquad (1.6)$$

Il faut encore ajouter une condition pour assurer la cohérence de l'interprétation probabiliste des fonctions d'onde. La condition (1.1) exige en effet que la probabilité pour que la particule soit située en n'importe quel point de l'espace soit égale à 1. En d'autres termes, on doit avoir :

$$\int \left|\psi(x, t)\right|^2 d^3x \equiv \int \psi^*(x, t)\psi(x, t)d^3x = 1 \qquad (1.7)$$

et si cette condition est satisfaite à l'instant zéro, l'évolution doit la maintenir aux instants ultérieurs.

On a ainsi obtenu trois conditions pour le noyau $G\,(x, y\,;\, t)$ dans le cas d'une particule libre : il ne dépend que de la variable $m(x - y)^2/\hbar t$, il vérifie l'équation d'évolutions successives (1.6) et il conserve l'intégrale (1.7) quand il agit sur une fonction d'onde par la relation (1.4).

Ces trois conditions suffisent pour résoudre entièrement le problème, c'est-à-dire pour obtenir la forme explicite de la fonction $G\,(x, y\,;\, t)$. On se contentera de donner ici cette solution en rejetant sa démonstration dans les notes[4], [5] :

$$G(x, y\,;\, t) = \left(\frac{im}{2\pi\hbar t}\right)^{3/2} \exp\{im(x - y)^2/2\hbar t\}. \qquad (1.8)$$

On notera qu'on aurait pu choisir d'utiliser partout le nombre $-i$ là où le nombre i apparaît dans l'expression (1.8), cette ambivalence résultant du fait que le nombre i n'apparaît pas dans les équations (1.6) et (1.7). On remarque aussi que i ne figure dans l'expression (1.8) que sous la forme du quotient i/t. Rien ne change donc dans la forme des lois quantiques si l'on remplace simultanément i par $-i$ et t par $-t$. Or il est évident que jamais i n'apparaîtra dans les valeurs des quantités physiques ou dans les probabilités, qui sont des quantités réelles, et il en va donc de même du signe du temps : il n'interviendra pas non plus. En d'autres termes, *les lois fondamentales de la physique quantique sont invariantes par un renversement de sens du temps*. La brève discussion qu'on vient de faire ne fournit évidemment pas une preuve générale de ce fait, mais sa conclusion subsiste quand on examine la question de plus près[6]. Elle s'oppose évidemment à l'existence d'un sens privilégié du temps en physique classique, c'est-à-dire du sens univoque allant du passé vers le futur, de la cause vers l'effet, le sens de la dissipation de l'énergie et de la croissance de l'entropie, mais on aura l'occasion de revenir là-dessus.

L'évolution quantique et les histoires de Feynman

On va maintenant exploiter plus profondément les équations (1.6) et (1.8) pour faire apparaître une notion essentielle, celle des « histoires de Feynman » qui nous conduira à prolonger le hasard quantique par une intervention directe de tout ce qui est possible, ou concevable, dans la dynamique quantique.

L'expression (1.8) de la fonction de propagation $G(x,\,y\,;t)$ pour le cas d'une particule libre ne dépend que d'une phase pure, de la forme :
$$\varphi(x-y,\,t) = m(x-y)^2/2\hbar. \qquad (1.9)$$

On peut alors donner une interprétation intuitive de la formule (1.3). « Tout se passe comme si » la particule, partie du point y à l'instant zéro, pouvait atteindre n'importe quel autre point x de l'espace à l'instant t, en étant associée à une onde dont la phase est alors $\varphi(x-y,\,t)$. Le membre de gauche de la formule (1.6) montre de même que le passage du point y au point z à l'instant $t+t'$ est associé à la phase $\varphi(z - x, t + t')$. Mais le membre de droite a une tout autre signification. Il montre que la particule pouvait partir de y, passer par un point x quelconque à l'instant t, puis aller au point z pendant le temps t'. Pendant la seconde partie de ce parcours, la phase de l'onde a augmenté de la quantité $\varphi\,(z - x, t')$. L'équation (1.6) suggère donc que le passage de y à x, puis à z, s'accompagne simplement d'une addition des phases et d'une intégration sur x, intégration qui se traduit par une interférence des phases de tous les chemins possibles allant de y à z en passant par toutes les positions x intermédiaires.

Cette interprétation est si simple qu'on peut la systématiser. Au lieu d'une étape unique pour aller de l'instant initial à l'instant final, on peut imaginer de passer par un très grand nombre de petites étapes. On reprend pour cela les notations initiales en s'intéressant à nouveau à une particule libre allant du point y à l'instant zéro au point x à l'instant t. On découpe l'intervalle de temps $(0, t)$ en y insérant un grand nombre d'instants intermédiaires séparés par un même intervalle Δt, introduisant ainsi les instants 0, Δt, $2\Delta t$, $3\Delta t$,... $n\Delta t$, t, (de sorte que $\Delta t = t/(n + 1)$, n étant un grand nombre). La particule était au point y à l'instant zéro, puis elle a pu se trouver en des points y_1, y_2,..., y_n aux instants t_1, t_2,..., $t_n = \Delta t$, $2\Delta t$, $3\Delta t$,...$n\Delta t$, et cela entre finalement dans l'éventualité de sa présence au point x à l'instant t.

Les équations (1.3) et (1.6) prennent alors une forme plus détaillée pour exprimer la relation entre la fonction d'onde initiale $\psi(y, 0)$ et la fonction d'onde finale $\psi(x, t)$. L'idée est simple, mais son expression mathématique est assez lourde, elle s'écrit :

$$\psi(x, t) = \int dy_n\, G(x - y_n, \Delta t) \int dy_{n-1}\, G(y_n - y_{n-1}, \Delta t)... \qquad (1.10)$$

$$\int dy_1\, G(y_1 - y, \Delta t) \int dy\, \psi(y, 0)$$

Si l'aspect de cette équation peut sembler rébarbatif, ce n'est qu'une apparence, elle est riche en réalité d'une signification profonde que nous allons extraire. Notons d'abord qu'on peut la simplifier légèrement en englobant le facteur multiplicatif $A = (im/2\pi\hbar\Delta t)^{3/2}$ dans les fonctions G aux éléments d'intégration et en remplaçant dy par $A dy$.

Mais le caractère profond du découpage (1.10) apparaît vraiment quand on regroupe toutes les phases des fonctions intermédiaires G. Ces phases d'exponentielles complexes s'ajoutent pour donner une phase globale φ, qu'il est commode d'écrire sous la forme $S/\hbar$, avec :

$$S = \frac{m}{2}\frac{(y-y_1)^2}{\Delta t} + \frac{m}{2}\frac{(y_1-y_2)^2}{\Delta t} + \ldots + \frac{m}{2}\frac{(y_n-x)^2}{\Delta t}. \qquad (1.11)$$

Quelques rappels de physique classique

La somme S qu'on vient de voir apparaître évoque une quantité bien connue en mécanique classique, définie au XVIIIe siècle sous le nom d'« action ». Lagrange avait alors construit un cadre de la dynamique qui présente des analogies remarquables avec celui qu'on utilise ici. Ainsi, il posait le problème du mouvement d'un point matériel comme celui de trouver une fonction $x(t')$ donnant la position de ce point à chaque instant t', les conditions étant déjà $x(0) = y$ et $x(t) = x$. Toutes les fonctions $x(t')$ satisfaisant ces conditions étaient envisageables, comme tous les chemins passant par des points intermédiaires $x(t_j)$ le sont dans notre cas. Lagrange sélectionnait la fonction donnant le mouvement classique en introduisant la « fonction de Lagrange » $L(x, dx/dt)$, dépendant de la position et de la vitesse. Une histoire arbitraire du mouvement, $x(t')$, permettait alors de calculer une intégrale d'action définie par

$$S = \int_0^t L(x(t'), dx(t')/dt')dt'. \qquad (1.12)$$

L'histoire du mouvement classique, obéissant aux principes dynamiques de Newton, devait être alors celle qui donnait une valeur stationnaire à l'action, le plus souvent un minimum. Ce « principe de moindre action » rendait bien compte des lois de la mécanique classique et Maxwell l'utilisa à nouveau quand il fonda l'électrodynamique[7].

Dans le cas d'un point matériel libre, la fonction de Lagrange se réduit à l'énergie cinétique $(1/2)m(dx/dt')^2$. L'application numérique du principe de moindre action pourrait alors se présenter de la manière suivante : on se donne le point de départ y d'un chemin, puis des points de passage y_1, y_2, ..., y_n aux instants t_1, t_2, ..., $t_n = \Delta t$, $2\Delta t$, $3\Delta t$, ...$n\Delta t$, de façon que l'instant $(n + 1)\Delta t$ coïncide avec l'instant t

et que le point d'arrivée soit le point x. Une valeur approchée de l'intégrale d'action

$$S = \int_0^t \frac{m}{2}(dx(t')/dt')^2\,dt',$$

est alors donnée par l'expression précédente (1.11), quand on remplace l'intégrale d'action par une somme discrète (comme dans « l'intégrale de Riemann »), l'approximation étant d'autant plus précise que Δt est plus petit.

La dynamique quantique comme une somme sur des histoires

Si l'on revient au problème quantique après cette excursion en physique classique, on constate une signification remarquablement suggestive de l'évolution d'une fonction d'onde, pour une particule libre. On peut écrire le résultat (1.10) de façon frappante en passant formellement à la limite $\Delta t \to 0$, de sorte que le chemin discontinu précédent, avec son déroulement saccadé dans le temps, devienne une histoire continue $y(t')$ qui commence par le point y à l'instant 0 pour aboutir au point x à l'instant t. En comparant les équations (1.10) et (1.13), on voit que la fonction d'évolution $G(x, y\,;t)$ prend la forme :

$$G(x,y\,;t) = \int \exp(iS/\hbar)d(histoire) \qquad (1.13)$$

Le terme « histoire », ou plus précisément celui d' « histoire de Feynman », désigne un chemin arbitraire $x(t')$ parcouru de manière quelconque, à la seule condition de partir du point y au temps zéro pour aboutir au point x à l'instant t. C'est donc exactement le genre de parcours que Lagrange considérait déjà comme un champ de possibilités *a priori*, parmi lesquelles le mouvement classique se distinguait en donnant une valeur stationnaire à l'action. En écrivant l'équation (1.13), on a repris l'écriture usuelle $\int \ldots d(\ldots)$ d'une intégrale pour décrire la somme sur toutes les histoires, mais il faut l'entendre en réalité comme la limite :

$$G(x,y\,;t) = \lim_{\Delta t \to 0,\, n \to \infty} \int \left(\prod_{j=1}^{n} Ady_j\right)\exp(iS/\hbar). \qquad (1.14)$$

On pourrait s'interroger sur l'existence d'une telle limite et sur la signification mathématique d'une somme sur des histoires, mais on reviendra bientôt sur cette question et, pour l'instant, on la laissera de côté.

Forme générale

La forme classique (1.9) de l'action conduisit Feynman à l'étendre de manière générale à une fonction de Lagrange quelconque. Ainsi, pour une particule soumise à un potentiel $V(x)$, la fonction de Lagrange a la forme

$$L(x, dx/dt) = \frac{1}{2}\left(dx/dt\right)^2 - V(x) \qquad (1.15)$$

On peut tout aussi bien considérer un système formé d'un nombre quelconque N de particules interagissant entre elles par des potentiels V_{jk} et subissant l'action d'un potentiel extérieur V_{ext}. La fonction de propagation prend alors la forme $G(x_1, x_2, ..., x_N, y_1, y_2, ..., y_N ; t)$ et elle est toujours exprimée par la formule (1.13) étendue à N particules. L'action est donnée par la fonction de Lagrange :

$$\sum_{j=1}^{N} \frac{1}{2} m_j (dx_j/dt)^2 - \sum_{(j,\,k)} V_{jk}(x_j,\, x_k) - \sum_j V_{ext}(x_j).$$

On note que la fonction d'onde est alors une fonction $\psi(x_1, x_2, ..., x_N ; t)$ des N variables de position.

La Figure (1.1) donne une illustration de plusieurs histoires qui contribuent à l'évolution, dans le cas d'une seule dimension d'espace. Elles sont entièrement arbitraires.

Finalement, il resterait à montrer que la dynamique contenue dans les équations (1.3) et (1.14) se traduit par une équation de Schrödinger pour l'évolution de la fonction d'onde. C'est une simple affaire de calcul que l'on trouvera dans les notes, l'équation de Schrödinger elle-même étant discutée dans le chapitre suivant[8].

L'universalité des possibles

L'expression des lois de la dynamique quantique par une somme sur des histoires élargit considérablement la perspective du hasard quantique, pour s'étendre à une contribution de toutes les histoires possibles aux probabilités finales. En effet, la conception des possibilités offertes par le hasard reste limitée, puisque la notion de probabilité ne fait intervenir des événements différents que comme

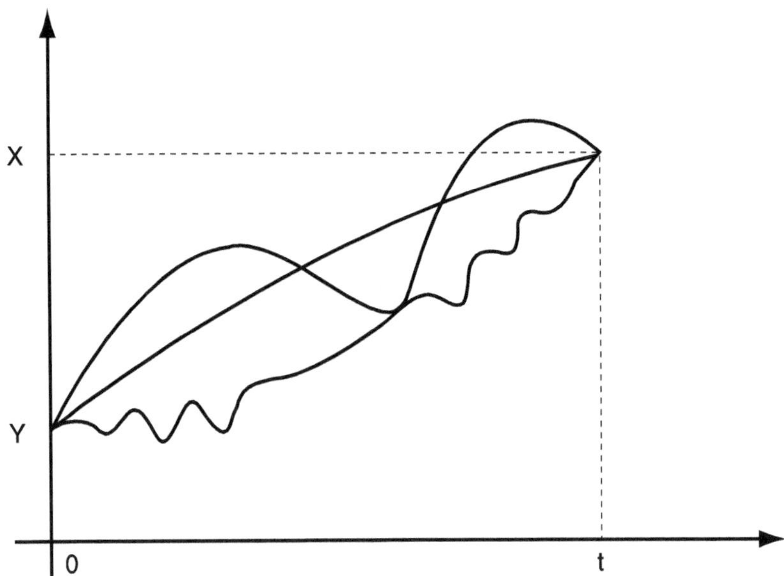

Figure 1.1 : Des histoires de Feynman.

autant de possibilités distinctes, mutuellement exclusives. Il en va tout autrement de la somme (1.13) sur les histoires. Toutes les histoires contribuent en effet à l'évolution du système avec un même poids, par des nombres complexes de la forme $\exp(iS/\hbar)$. Tous ces nombres ont le même module et ne diffèrent que par leurs phases. De plus, le résultat dépend de l'intervention simultanée de toutes les histoires dans la somme, et *non de la réalisation de l'une d'elles à l'exclusion des autres*. Il se présente ainsi comme un gigantesque effet d'interférences entre les contributions de toutes les histoires.

L'ensemble de toutes les histoires recouvre toutes les possibilités de comportement et d'évolution d'un système physique, avec un arbitraire total. C'est pourquoi il semble préférable de parler d'universalité du possible à propos de l'intervention simultanée de toutes les histoires, puisque toutes les possibilités distinctes apparaissent à chaque instant et non pas seulement au moment d'une mesure. On aura l'occasion de revenir sur ces notions importantes pour la compréhension de la théorie quantique.

CHAPITRE 2

Les règles quantiques

On indique ici les règles physiques et mathématiques sur lesquelles la physique quantique est fondée, en se limitant à l'indispensable ou, en d'autres termes, au minimum nécessaire à la compréhension.

Les amplitudes de probabilités

La théorie quantique ne s'appuie pas directement sur les probabilités, mais sur des « amplitudes » à partir desquelles on obtient la probabilité par la formule universelle :

$$probabilité = \left| amplitude \right|^2. \qquad (2.1)$$

Cette formule générale rend compte de la grande variété des situations rencontrées en pratique, mais on a vu que le premier exemple historique fut la relation (1.1) entre la fonction d'onde et les probabilités d'observer la position d'une particule. On a mentionné que ceci impliquait des valeurs complexes pour la fonction d'onde et il en va de même en général pour les amplitudes.

On a vu aussi qu'une fonction d'onde dépend en général d'un certain nombre de coordonnées de configuration $(x_1, x_2, ..., x_n)$, qui ne sont pas nécessairement les coordonnées de position des atomes. On a aussi constaté une relation directe des phases des histoires de Feynman avec le formalisme lagrangien de la physique classique, ce qui entraîne une grande variété dans le choix des coordonnées possibles. On peut décrire, par exemple, certains noyaux d'atome comme le mouvement d'un ellipsoïde et toutes les façons de paramétrer la position, l'orientation et les vibrations d'un ellipsoïde permettent autant de choix de variables dans la fonction d'onde du noyau.

La formule (2.1) prend alors la forme :

$$dp = \left| \psi(x_1, x_2, \ldots, x_n) \right|^2 d^n x \qquad (2.2)$$

et la normalisation des probabilités $\int dp = 1$ entraîne une condition de normalisation des fonctions d'onde sous la forme :

$$\left| \psi(x_1, x_2, \ldots, x_n) \right|^2 d^n x. \qquad (2.3)$$

Cette condition s'ajoute au principe de superposition pour définir le cadre mathématique adapté à la physique quantique. Dirac en eut le premier l'idée et il inventa un bon nombre de concepts mathématiques destinés à cette application, comme des vecteurs de types « bra » et « ket » qui surprennent souvent les néophytes, la fameuse fonction de Dirac et plusieurs autres notations inventives. Von Neumann nota quant à lui que les concepts indispensables existaient déjà dans les tiroirs des mathématiciens et qu'il suffisait de les adapter. Le plus important était celui des espaces d'Hilbert qu'on va d'abord rappeler ici.

Avant de passer cependant à ces constructions abstraites, il ne sera pas mauvais de prendre un peu de recul. Que les quanta conduisent à de grandes révisions dans les conceptions du monde physique, on l'admettait volontiers aux débuts de la théorie, mais que cela dût s'accompagner de mathématiques inconnues des physiciens n'allait pas de soi. Dirac et Von Neumann étaient de grands mathématiciens, le premier naturel et le second érudit. Tous deux rencontrèrent des obstacles qu'ils surmontèrent, chacun à sa manière. Ils constatèrent que le formalisme mathématique approprié à la physique quantique était très bien défini et qu'il ne présentait pas de difficulté majeure. En d'autres termes, les concepts mathématiques de la mécanique quantique sont plus accessibles que ses concepts physiques, malgré les apparences.

Cela ne va pourtant pas jusqu'à dire que ces mathématiques sont élémentaires et nous devrons contourner certaines difficultés accessoires ou coûteuses en temps, en considérant par exemple les fonctions d'onde dans le cas général. Faut-il les supposer continues, dérivables, non infinies, intégrables, et avec quelles restrictions, voilà autant de questions que nous laisserons de côté, ainsi que d'autres semblables. C'est ce qu'on a fait dans le chapitre précédent, où on a constaté que le fait de discrétiser le temps se révélait très utile pour découvrir les histoires de Feynman. On va maintenant poursuivre dans ce sens en discrétisant l'espace, pour aboutir à la forme la plus simple des mathématiques quantiques.

On commencera par simplifier au maximum l'espace de configuration d'un système physique en ne retenant qu'un espace à une dimension où la seule coordonnée est notée x. Cela étant, on discrétisera cet espace en y introduisant des points dont les abscisses, $(x_1, x_2,..., x_r,...)$, sont séparées par une même distance Δx (c'est d'ailleurs plus ou moins ainsi qu'on procède lors d'un calcul numérique d'une fonction d'onde). En outre, on raisonnera autant que possible sur le cas où le domaine de variation de x est un intervalle fini, de sorte que le nombre des points de référence demeure fini pour Δx fixé, comme on le voit sur la Figure 2.1. On désignera par N le nombre de ces points. Ces simplifications permettront de passer de l'analyse à l'algèbre sans trop perdre à l'échange, grâce au fait que l'analyse et l'algèbre ne sont nulle part aussi voisines que dans le cas linéaire.

Au lieu d'une fonction d'onde, on introduit une amplitude de probabilité α_j pour que la position du système physique soit en un point j (en continuant de donner le nom de particule à ce système). Les amplitudes seront désignées par des lettres grecques, comme il

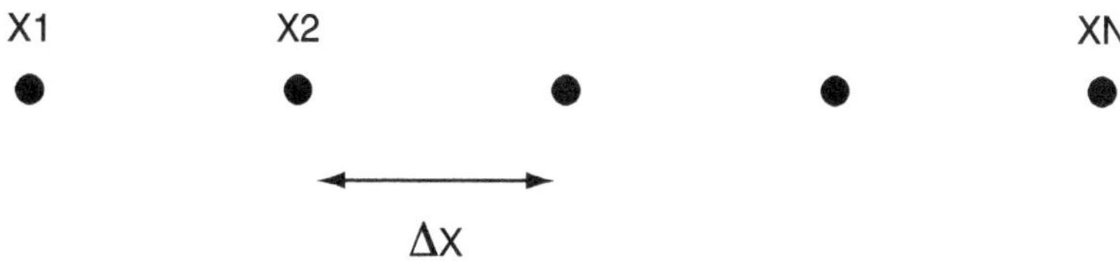

Figure 2.1 : Des points discrets de référence pour les positions

est d'usage pour la fonction d'onde. La formule (2.1) prend alors la forme

$$p_j = \left| \alpha_j \right|^2. \qquad (2.4)$$

La condition de normalisation (2.3) devient alors :

$$\sum_{j=1}^{N} \left| \alpha_j \right|^2. \qquad (2.5)$$

Les espaces d'Hilbert

Si on laisse de côté la condition de normalisation (2.5), le principe de superposition signifie qu'on peut ajouter deux familles d'amplitudes $\{\alpha_j\}$ et $\{\beta_j\}$ pour obtenir une autre famille $\{\alpha_j + \beta_j\}$. Cela ressemble fort à l'addition des composantes des vecteurs dans un espace vectoriel à N dimensions. En outre, le premier membre de l'équation (2.5) est analogue à l'expression du carré de la norme d'un vecteur dans un espace euclidien, hormis qu'il s'agit de coordonnées complexes. Cette analogie n'a rien d'accidentel et la conjugaison du principe de linéarité avec la forme (2.1) des probabilités quantiques conduit inévitablement à une structure mathématique bien définie, celle des espaces d'Hilbert, qui sont essentiellement des versions complexes de l'espace vectoriel euclidien. Le passage de l'analyse à l'algèbre, c'est-à-dire des amplitudes aux fonctions d'onde, ressemble alors par bien des côtés au passage d'un espace de dimension finie à des cas de dimension infinie, mais nous éviterons d'aller aussi loin.

On est ainsi conduit à des mathématiques spécifiques à ce genre de physique, mais elles sont inévitables et le lecteur qui n'est pas déjà familier avec elles peut consulter l'appendice mathématique à la fin de ce livre. Dans le présent chapitre, on se limitera à l'indispensable.

On désignera par α un vecteur dont les composantes sont les nombres α_j. Le produit scalaire de deux vecteurs α et β est le nombre complexe :

$$(\alpha , \beta) = \sum_j \alpha_j {}^* \beta_j. \qquad (2.6)$$

La norme $\|\alpha\|$ d'un vecteur α est le nombre réel positif défini par

$$\|\alpha\|^2 = (\alpha, \alpha) = \sum_j \alpha_j {}^* \alpha_j = \sum_j |\alpha_j|^2. \qquad (2.7)$$

La discrétisation de la fonction d'onde $\psi(x)$ se traduit par l'introduction d'amplitudes

$$\psi_j = \psi(x_j)\sqrt{\Delta x},$$

de sorte que la norme du vecteur ψ associé à cette fonction peut être définie par

$$\|\psi\|^2 = \int |\psi(x)|^2 dx \approx \sum_j |\psi_j|^2 = \sum_j |\psi(x_j)|^2 \Delta x. \qquad (2.8)$$

De manière analogue, on définit le produit scalaire de deux fonctions $\psi(x)$ et $\varphi(x)$ par

$$(\psi, \varphi) = \int \psi^*(x)\varphi(x)dx \approx \sum_j \psi_j {}^* \varphi_j. \qquad (2.9)$$

Matrices et opérateurs

Certaines transformations d'un vecteur α dans un autre, $\beta = F(\alpha)$, préservent la linéarité de façon que $F(\alpha + \alpha') = F(\alpha) + F(\alpha')$ et $F(\lambda\alpha) = \lambda F(\alpha)$, λ étant un nombre complexe. On les appelle « transformations linéaires » et on les écrit simplement sous la forme $\beta = F\alpha$. Quand on fait intervenir les coordonnées des vecteurs, la transformation F est représentée par une matrice d'éléments F_{jk}, ce qui correspond à l'écriture

$$\beta_j = \sum_k F_{jk}\alpha_k. \qquad (2.10)$$

On définit la matrice adjointe $F^\dagger$ de la matrice F par ses éléments $F^\dagger{}_{jk} = F_{kj}{}^*$, avec permutation des indices et passage aux complexes conjugués. Cette matrice adjointe intervient dans les produits scalaires par la relation importante

$$(\beta, F\alpha) = (F^\dagger \beta, \alpha). \qquad (2.11)$$

On dit qu'une matrice A est « autoadjointe », ou « hermitienne », quand elle est égale à son adjointe : $A = A^\dagger$. On dit qu'un vecteur α est un vecteur propre de la matrice hermitienne A et que le nombre a est la valeur propre associée quand on a

$$A\,\alpha = a\alpha. \qquad (2.12)$$

On montre dans l'Appendice mathématique à la fin de ce livre qu'une matrice hermitienne, dans un espace d'Hilbert de dimension N, possède N vecteurs propres $\alpha^{(j)}$ et que ces vecteurs sont orthogonaux (c'est-à-dire que le produit scalaire de deux quelconques d'entre eux est nul). Si on les choisit normés (c'est-à-dire de norme égale à 1), on voit que la matrice A est alors associée à un système orthonormé de vecteurs qui joue le rôle d'une base d'axes de coordonnées, tout à fait analogue à une base dans un espace euclidien. On montre en outre que les valeurs propres correspondantes $a^{(j)}$ sont des nombres réels. On désigne l'ensemble de ces N nombres (dont certains peuvent être égaux) comme le « spectre » de la matrice A.

Ces notions s'étendent aux fonctions d'onde. Ainsi, l'évolution qui transforme une fonction d'onde $\psi(0)$ à l'instant zéro en la fonction $\psi(t)$ à l'instant t est donnée par l'équation (1.3) du chapitre précédent. La fonction d'évolution $G(x, y ; t)$ qui apparaît dans cette équation peut être discrétisée en posant $G_{jk}(t) = G(x_j, y_k ; t)$ et l'équation d'évolution (1.3) prend après discrétisation la forme matricielle

$$\psi_j(t) = \sum_k G_{jk}(t)\psi_k(0).$$

Dans le cas de fonctions, on parle d'« opérateurs » plutôt que de « matrices », et ce terme est aussi employé dans le cas discret. Il y a cependant une différence entre l'idée d'un opérateur agissant sur des vecteurs dans un espace de dimension finie, de la forme $\beta = F\alpha$, et la matrice F_{jk} associée. L'opérateur F ne dépend pas en principe du système d'axes par rapport auquel des coordonnées α_j sont définies. En revanche, les éléments F_{jk} de la matrice associée à la transformation F dépendent du système d'axes.

Les quantités physiques comme opérateurs

Heisenberg avait déjà introduit la représentation des quantités physiques par des matrices en 1925, c'est-à-dire avant les travaux de Schrödinger et sans connaître la notion de fonction d'onde. Les quantités physiques qu'il décrivait ainsi incluaient les coordonnées

X, Y, Z de la position d'un électron dans un atome, celles de son impulsion, P_x, P_y, P_z, celles de son moment cinétique, et aussi son énergie H. Il s'appuyait sur le cas de l'électron dans un atome d'hydrogène, les états de l'atome étant désignés par un indice n et l'énergie correspondante par E_n. La pulsation ω_{nm} et la fréquence v_{nm} d'un photon émis lors de la transition d'un état de l'atome d'énergie E_n à un autre état d'énergie E_m était donnée, conformément à des idées antérieures de Bohr, par $h v_{nm} = \hbar \omega_{nm} = E_n - E_m$.

Des considérations d'électrodynamique, dans lesquelles nous n'entrerons pas, amenaient Heisenberg à associer l'émission des photons à une vibration du moment dipolaire électrique $\boldsymbol{D}$ de l'atome, lui-même relié à la position $\boldsymbol{X}$ de l'électron et sa charge e par la relation $\boldsymbol{D} = e\boldsymbol{X}$. Il posait alors en principe qu'on ne peut pas connaître la position de l'électron, mais seulement atteindre des manifestations de cette position par l'intermédiaire du moment dipolaire, lors de l'émission d'un photon. Des considérations de résonance dans des mouvements vibratoires l'amenèrent alors à proposer une idée révolutionnaire : une coordonnée x de position de l'électron n'a aucun sens en elle-même, mais la physique peut atteindre certains effets d'une quantité X qui la représente en intervenant lors d'une émission. Cette manifestation est alors indexée par les indices n et m caractérisant le phénomène et elle dépend du temps comme l'onde électromagnétique émise, de sorte qu'elle se présente sous la forme $X_{nm} e^{-i v_{nm} t}$, ce qui suggère une matrice d'indices n et m.

Une idée essentielle venait ainsi d'apparaître : les quantités physiques ne seraient plus associées en physique quantique à des nombres ou à des variables (comme des coordonnées de position ou d'impulsion), mais à des matrices !

Cette idée fut mise en œuvre par Born, Heisenberg et Jordan, dans la même année, et elle produisit aussitôt des résultats nouveaux et remarquables, en particulier pour l'intensité des raies d'émission des atomes. L'idée, néanmoins, était loin de recueillir une approbation unanime, Schrödinger avait cru un moment pouvoir y mettre un terme l'année suivante avec sa fonction d'onde, mais il lui fallut reconnaître bientôt que les matrices ne disparaissaient pas, elles étaient seulement remplacées par des opérateurs agissant sur les fonctions d'onde ! Le remède n'était ni pire ni meilleur que le mal, comme Dirac et Schrödinger lui-même le montrèrent en établissant l'équivalence mathématique des deux méthodes.

L'opérateur X associé à la coordonnée x de la position agissait sur la fonction d'onde $\psi(x, y, z)$ pour donner la fonction $x\psi(x, y, z)$. La composante P_x de l'impulsion donnait quant à elle la dérivée $-i\hbar\partial\psi/\partial x$. Ces opérateurs ne commutaient pas, en ce sens que le produit XP_x n'était pas identique au produit $P_x X$ pris dans l'ordre inverse. En formant le commutateur $[X, P_x] = X P_x - P_x X$, on ne pouvait échapper aux « relations de commutation canoniques »

$$[X, P_x] = i\hbar I, \qquad (2.13)$$

où I désigne l'opérateur identité qui transforme une fonction d'onde ψ en cette même fonction ψ.

Les conséquences physiques de l'équation (2.13) sont innombrables et ses racines mathématiques pour le moins multiples. On peut les retrouver dans le groupe des translations, dans la transformation de Fourier, dans la relation de l'équation de Schrödinger aux équations d'Hamilton de la mécanique classique, dans les règles d'invariances associées au principe de moindre action ou dans les chemins de Feynman... De toute manière, on n'y échappe pas. Quant à nous, nous l'admettrons.

Les quantités quantiques

Aucune idée nouvelle de la physique quantique ne provoqua un tel tollé et une telle incrédulité que celle de remplacer les variables dynamiques de la physique classique par des matrices. La réaction fut moins vive lorsque ces matrices, après Schrödinger, devinrent des opérateurs agissant sur les fonctions d'onde. Les résultats obtenus étaient trop convaincants pour qu'on les rejetât et l'on ne ressentit qu'une grande perplexité. Celle-ci demeure aujourd'hui encore chez tous les esprits exigeants, quand ils rencontrent cette notion pour la première fois, si bien que quelques commentaires s'imposent.

En général, une quantité physique quantique est représentée par un opérateur agissant sur les fonctions d'onde. Quand on décrit les fonctions d'onde par les vecteurs d'un espace d'Hilbert, on peut aussi associer la quantité physique à une matrice hermitienne et l'on constate alors combien cette forme surprenante assure une charnière entre les principes du hasard quantique et de la linéarité. Du premier principe, elle garde l'aspect probabiliste en ne fournissant pas une valeur unique pour la quantité physique, mais en offrant la liste de toutes ses valeurs possibles. Cette liste, c'est le spectre des valeurs propres de la matrice représentant la quantité physique. Un vecteur propre est associé à chaque valeur propre, de sorte que la quantité physique impose ses propres références, ses capacités d'apparaître réellement lors d'une mesure. Chaque quantité mesurable introduit un certain ordre dans la vaste uniformité de l'espace d'Hilbert, celui d'un système d'axes de référence qui raccorde l'espace abstrait aux réalités d'une mesure possible.

On peut appliquer en effet l'expression générale (2.1) pour les probabilités au cas de la mesure d'une quantité physique A, quand l'état du système est décrit par une fonction d'onde ψ. Les résultats possibles de la mesure sont les valeurs propres $a^{(j)}$ de A et, si une valeur propre est associée à un vecteur propre unique $\alpha^{(j)}$, l'amplitude de probabilité correspondante est donnée par le produit scalaire $(\alpha^{(j)}, \psi)$. On aura l'occasion de revenir sur la notion de mesure et il n'est pas nécessaire d'aller beaucoup plus loin pour l'instant.

On n'ajoutera qu'un point de vocabulaire, qui n'est pas sans conséquence. Dans son ouvrage magistral, les *Principes de la mécanique quantique*, Dirac avait pris soin de marquer les distances entre les descriptions classique et quantique des variables dynamiques. Il donnait aux secondes le nom d'*observables*, pour bien marquer que ces quantités étaient celles qu'on pouvait éventuellement mesurer. Von Neumann, dans ses *Fondements mathématiques de la mécanique quantique*, alla plus loin en posant que toute observable *pouvait*, en principe, être mesurée. Il est vrai que le mot « observable » invite à cette interprétation et il est difficile d'imaginer une meilleure appellation.

La différence n'est pas innocente entre une observable qu'on peut mesurer physiquement, avec l'aide d'un appareillage réel, et une observable dont on affirme *a priori* qu'on peut la connaître, mais sans autre argument qu'un axiome mathématique *ad hoc*. Cette distinction est longtemps restée dans l'ombre, mais elle a fait l'objet récemment de réflexions nouvelles et il vaut mieux être précis. Ainsi, le mot « observable » sera pris ici dans son sens formel, mathématique, comme un opérateur représentatif d'une quantité physique réellement mesurable ou non. En revanche, on ne supposera pas que n'importe quelle observable mathématique est *a priori* mesurable physiquement.

Dynamique et hamiltonien

La dynamique fait apparaître d'autres matrices que les matrices hermitiennes, en particulier les matrices unitaires désignées souvent par U qui conservent la norme des vecteurs sur lesquels elles agissent ($\|U\alpha\| = \|\alpha\|$). On peut montrer que cela entraîne qu'elles conservent aussi les produits scalaires. On a donc $(U\alpha, U\beta) = (\alpha, \beta)$, soit encore, compte tenu de l'équation (2.11), $(\alpha, U^{\dagger}U\beta) = (\alpha, \beta)$ pour tout couple de vecteurs α, β ; on a donc

$$U^{\dagger}U = UU^{\dagger} = I. \qquad (2.14)$$

On a vu au chapitre précédent que l'évolution d'une fonction d'onde $\psi(t)$ est linéaire et conserve la norme. Elle est donc de la forme $\psi(t) = U(t)\psi(0)$, la matrice $U(t)$ étant unitaire. Or une propriété importante des opérateurs unitaires, connue sous le nom de « théorème de Stone », assure que tout opérateur unitaire U peut s'écrire sous la forme :

$$U = \exp(iA), \qquad (2.15)$$

où A est un opérateur hermitien. Quand on l'applique au cas de la matrice d'évolution $U(t)$, des considérations sur l'homogénéité du temps, analogues à celles qui conduisaient à la formule (1.6) du chapitre précédent, montrent qu'on doit avoir la relation $U(t+t') = U(t')\,U(t)$, d'où l'on déduit pour les exposants (2.15) la relation : $A(t+t') = A(t') + A(t)$. L'exposant $A(t)$ est donc proportionnel au temps et le résultat prend la forme conventionnelle

$$\psi(t) = e^{-iHt/\hbar}\psi(0). \qquad (2.16)$$

L'opérateur H, qui a les dimensions d'une énergie, porte le nom d'*hamiltonien* pour des raisons historiques venues de la physique classique. Historiquement, l'expression explicite de l'opérateur H pour une particule unique ou pour un système composé de plusieurs particules non relativistes avait été découverte par Heisenberg et par Schrödinger à partir d'analogies classiques. Plus tard, comme la physique des particules relativistes et celle des champs quantiques ne permettaient plus ce genre d'analogies, il fallut reconnaître que les lois quantiques ont un rôle premier et que les lois classiques en dérivent et n'ont donc qu'un caractère second, dans l'ordre des principes. Il fallut donc découvrir l'expression générale de l'hamiltonien à partir des données expérimentales et d'arguments de cohérence théorique, ce qui conduisit, après plus d'un demi-siècle de travaux intensifs, à la théorie actuelle du modèle standard des quarks et des leptons.

On peut partir de là pour en déduire qu'effectivement l'hamiltonien d'une particule non relativiste isolée de masse m, se déplaçant dans une seule dimension de l'espace sous l'action d'un potentiel $V(x)$, est inévitablement de la forme $H = P^2/2m + V(x)$. Cette expression reste essentiellement inchangée dans le cas d'un système qui comporte un nombre quelconque de particules interagissant par des potentiels. Par exemple, pour deux particules dans l'espace à trois dimensions, l'hamiltonien s'écrit :

$$H = \boldsymbol{P}_1^2/2m_1 + \boldsymbol{P}_2^2/2m_2 + V(\boldsymbol{x}_1 - \boldsymbol{x}_2). \qquad (2.17)$$

La fonction d'onde $\psi(\boldsymbol{x}_1, \boldsymbol{x}_2)$ dépend dans ce cas des deux positions $\boldsymbol{x}_1$ et $\boldsymbol{x}_2$, où le point $\boldsymbol{x}_1$, par exemple, a des coordonnées d'espace (x_1, y_1, z_1) et le vecteur $\boldsymbol{P}_1$ des coordonnées (P_{1x}, P_{1y}, P_{1z}) qui sont des opérateurs de dérivation. Par exemple $P_{1y} = -i\hbar\, \partial/\partial y_1$. En notation vectorielle, on a $\boldsymbol{P}_1 = -i\hbar\nabla_1$.

La quantité physique associée à l'opérateur H est l'énergie, comme il résulte du fait de sa conservation. En effet, introduisons les valeurs propres E_k de H et les vecteurs propres correspondants φ_k, qui forment une base orthonormée. Dans cette base, un vecteur quelconque associé à une fonction d'onde φ a pour coordonnées les produits scalaires (φ_k, ψ), chacune de ces coordonnées étant une amplitude de probabilité a_k pour que l'énergie ait la valeur correspondante E_k, de sorte que $p(E_k) = \left|a_k\right|^2$. Montrons alors que cette probabilité ne change pas au cours de l'évolution. En effet, on a[1]

$$a_k(t) = (\varphi_k, \psi(t)) = (\varphi_k, U(t)\,\psi(0)) = (U^\dagger(t)\varphi_k, \psi(0))$$
$$= (U^{-1}(t)\varphi_k, \psi(0)) = (\exp(i\,E_k\,t/\hbar)\varphi_k, \psi(0)) \qquad (2.18)$$
$$= \exp(-i\,E_k\,t/\hbar)(\varphi_k, \psi(0)) = \exp(-i\,E_k\,t/\hbar)\,a_k(0)$$

Comme les amplitudes ne diffèrent que par un facteur $\exp(-i\,E_k\,t/\hbar)$ de module 1 aux instants 0 et t, les probabilités correspondantes $p(E_k)$ sont bien les mêmes aux deux instants : l'énergie est conservée.

Imaginons maintenant un système physique macroscopique, isolé et constitué d'atomes en grand nombre, par exemple un satellite artificiel. Le fait qu'il possède une certaine énergie moyenne E_0 signifie, d'un point de vue quantique, que la répartition de probabilité des valeurs de son énergie $p(E)$ est concentrée autour de la valeur E_0. Dans la base orthonormée de l'opérateur H représentant l'énergie, on peut penser qu'aussi compliqué que soit l'état du satellite, il ne fait intervenir que des vecteurs propres de H dont la valeur propre E_k est voisine de E_0, cette répartition restant inchangée au cours du temps. Pourtant, de multiples phénomènes physiques se déroulent dans le satellite. Des piles engendrent, par réactions chimiques, des courants électriques qui alimentent divers instruments, des gyroscopes tournent, tout cela produit de la chaleur, c'est-à-dire un transfert d'énergie vers le mouvement des atomes. Mais à travers tous ces phénomènes, chimiques, électriques, thermiques et mécaniques, la répartition probabiliste de l'énergie et sa valeur moyenne E_0 restent inchangées, car toutes ces formes d'énergie ne sont que des manifestations macroscopiques d'une évolution quantique, contrôlée au niveau des particules subatomiques par l'unique opérateur universel H.

Finalement, on peut donner une forme différentielle à la dynamique quantique en notant que l'expression (2.16) de $\psi(t)$ permet d'écrire l'équation de Schrödinger :

$$i\hbar \frac{d\psi(t)}{dt} = H\psi(t). \qquad (2.19)$$

Les spectres

La notion de valeur propre et de vecteur propre s'applique aussi aux opérateurs agissant sur des fonctions d'onde (un vecteur propre étant aussi appelé dans ce cas « fonction propre »). On appelle encore *spectre* d'un tel opérateur l'ensemble de ses valeurs propres. Par exemple, une fonction de la forme $\psi_p(x) = \exp(ipx/\hbar)$ est fonction propre de l'opérateur impulsion $P = -i\hbar\partial/\partial x$ avec la valeur propre p. Comme toutes les valeurs possibles du nombre p forment un ensemble continu, on dit que le spectre de P est continu (c'est l'ensemble des nombres réels compris entre $-\infty$ et $+\infty$). On note aussi que la norme de la fonction propre $\psi_p(x)$ est infinie (le carré de son module est égal à 1 et l'intégrale (2.8) est infinie). C'est toujours le cas quand un spectre est continu ou qu'on en considère une partie continue.

En revanche, le spectre de certains opérateurs peut être discret et la norme des fonctions propres est alors finie. C'est le cas pour l'oscillateur harmonique avec le potentiel $V(x) = (1/2)m\omega^2 x^2$ dont les valeurs propres de l'énergie ont la forme $(n + 1/2)\hbar\omega$ où n est un nombre entier positif ou nul. En général, le spectre d'un opérateur comporte des parties discrètes et continues, comme c'est le cas pour l'énergie d'un système proton-électron avec le spectre discret de l'atome d'hydrogène et le spectre continu du système ionisé.

Le spin et les particules indiscernables

Il faut encore mentionner deux questions avant de clore ce bref aperçu des règles quantiques. La première concerne le spin des particules et la seconde l'indiscernabilité des particules de même espèce. Ces deux questions sont étroitement liées, mais on aura peu l'occasion d'y faire allusion dans ce livre, de sorte que les remarques qu'on va faire seront réduites à un minimum.

Le spin

Le *spin* d'une particule est un moment cinétique propre (de l'anglais « to spin », tourner sur soi-même) et fait partie des particularités remarquables du monde quantique. On sait qu'en physique classique, le moment cinétique d'un objet est une mesure de son état de rotation ; l'existence d'un moment cinétique propre, lié à une particule, suggère que celle-ci se comporte un peu comme une toupie tournant sur elle-même. C'est une image qu'il faut abandonner, cependant, car ce qu'on connaît par l'expérience des dimensions des particules et de la grandeur de leur spin supposerait qu'elles tourneraient sur elles-mêmes, à leur périphérie, plus vite que la vitesse de la lumière. Le spin apparaît donc comme un moment cinétique d'un objet où rien ne tourne...

On n'a pas d'explication intuitive de son existence, mais on a mieux : la certitude que les lois conjuguées de la mécanique quantique et de la relativité l'exigent, ou du moins le rendent possible. Ce résultat fut établi en 1940 par Eugène Wigner, mais il s'appuyait sur toute la puissance de la théorie des groupes et nous ne pouvons donner que quelques indications sur la nature du résultat[2].

Le point de départ réside dans l'invariance des lois de la physique dans un changement de référentiel inertiel, cette invariance devant aussi s'appliquer aux lois quantiques. Les changements de référentiel résultent toujours de la combinaison de trois types de transformations : les translations dans l'espace-temps à quatre dimensions de la relativité restreinte, les rotations des axes d'espace et les transformations de Lorentz qui dépendent de la grandeur et de la direction de la vitesse relative entre deux référentiels. Toutes ces opérations forment un groupe, appelé « groupe de Poincaré », et le problème examiné par Wigner consistait à découvrir comment un tel groupe peut agir dans un espace d'Hilbert décrivant un système quantique.

On sait l'importance des invariants en théorie des groupes. Wigner constata qu'il en existe deux, présents dans tout système physique quantique, en particulier une particule. L'un de ces invariants est la masse, l'autre est le spin. L'existence du spin des particules apparaît ainsi, en quelque sorte, comme une opportunité que les lois offrent à la nature et dont celle-ci s'est emparée. À l'heure actuelle, on ne peut guère aller plus loin dans l'explication.

Les particules identiques

Un dernier principe important pose l'existence de particules identiques. Rien, par exemple, ne distingue deux électrons. Cette identité physique de particules de même espèce (c'est-à-dire de même masse, même spin, même charge...) se traduit, mathématiquement, par des fonctions d'onde qui sont soit symétriques, soit antisymétriques, quand on y permute les variables de position (et les caractéristiques de spin) de deux particules de même nature. Dans le cas symétrique, on dit que les particules en question sont des *bosons* ; dans le cas antisymétrique, il s'agit de *fermions*.

Expérimentalement et théoriquement, on constate une connexion étroite entre le type de symétrie et le spin des particules. Toutes les particules de spin demi-entier sont des fermions ; c'est le cas de l'électron, du proton, du neutron, des quarks (dire que leur spin est demi-entier signifie que leur moment cinétique propre est égal à $\hbar/2$, ou à $3\hbar/2$, $5\hbar/2$, ...). En revanche, les particules de spin entier (égal à 0, $\hbar$, $2\hbar$, ...) sont toutes des bosons.

Un exemple : l'atome d'hydrogène

On donnera pour terminer un exemple de calcul de la fonction d'onde de l'atome d'hydrogène. Il faut tout d'abord poser le problème, c'est-à-dire écrire la forme que prend alors l'opérateur hamiltonien. Mais comment faire ? Des travaux s'étendant sur plus d'un demi-siècle ont permis de connaître cet opérateur d'énergie de façon générale, dans le cadre du modèle standard des quarks et des leptons, et de déduire de là les cas particuliers qu'on rencontre en pratique, mais ce n'est pas ainsi que nous procéderons. Nous suivrons plutôt la méthode initiale de Schrödinger en faisant une *hypothèse* explicite pour le cas de l'hydrogène, hypothèse qui sera justifiée en fin de compte par l'accord des résultats avec l'expérience.

Schrödinger proposait un hamiltonien très semblable par la forme à l'énergie classique d'une particule dans un potentiel. Si le noyau de l'atome est fixé en un point que l'on prend pour origine de l'espace, l'énergie classique d'un électron de masse m_e, de charge e, d'impulsion $\vec{p}$, est donnée par la somme d'une énergie cinétique et d'un potentiel coulombien $\vec{p}^2/2m_e - e^2/r$. Schrödinger posait donc par analogie l'hamiltonien suivant

$$H = \vec{P}^2/2m_e - e^2/\sqrt{\vec{X}^2} \qquad (2.20)$$

On a vu que les composantes de l'opérateur impulsion sont représentées par des opérateurs de dérivation (par exemple $P_x = -i\hbar\partial/\partial x$) lorsqu'elles agissent sur des fonctions d'onde dépendant de la position. Les fonctions d'onde Ψ des états stationnaires de l'atome d'hydrogène et les valeurs propres E de l'énergie sont des solutions de l'équation aux valeurs propres

$$-(\hbar^2/2m_e)\Delta\psi - e^2\psi/r = E\psi. \qquad (2.21)$$

La fonction d'onde dépend de trois variables, x, y et z, et Δ est l'opérateur laplacien $\partial^2/\partial x^2 + \partial^2/\partial y^2 + \partial^2/\partial z^2$. L'étude de l'atome d'hydrogène se ramène donc en principe à résoudre cette équation.

Choix des unités de référence et des coordonnées

Trois paramètres, $\hbar$, m_e, et e, figurent dans l'équation (2.21). Les calculs se présenteront de manière plus simple si l'on choisit des unités bien adaptées au problème. On peut introduire pour cela la quantité $a = \hbar^2/m_e e^2$ pour mesurer les longueurs et la quantité $E_I = m_e e^4/(2\hbar^2)$ pour mesurer les énergies. On verra en fin de calcul que a (égal à 0,053 nanomètre) n'est autre que le rayon de l'atome d'hydrogène dans son état fondamental (l'état d'énergie la plus basse) et il en résulte que E_I (égal à 13,6 électron-volt) est l'énergie d'ionisation correspondante.

Le fait que l'équation (2.21) garde la même forme quand on opère une rotation des axes d'espace suggère d'utiliser des coordonnées sphériques (r, θ, φ) au lieu des coordonnées cartésiennes (x, y, z). En posant alors $r = a\rho$ et $E = -\varepsilon E_I$, les quantités ρ et ε apparaissent comme des nombres sans dimension. On a fait ressortir le fait que l'énergie de l'électron dans l'atome doit être négative pour que l'atome soit lié (si elle était positive, l'atome s'ioniserait spontanément), de sorte que le paramètre ε doit être positif. En écrivant enfin l'opérateur laplacien à l'aide des coordonnées sphériques, l'équation (2.21) prend la forme standardisée :

$$\frac{1}{\rho}\frac{\partial^2(\rho\psi)}{\partial\rho^2}+\frac{2\psi}{\rho}+\frac{1}{\rho^2}\{\frac{1}{\sin^2\theta}\frac{\partial^2\psi}{\partial\varphi^2}+\frac{1}{\sin\theta}\frac{\partial}{\partial\theta}(\sin\theta\frac{\partial\psi}{\partial\vartheta})\}-\varepsilon\psi=0\ . \quad (2.22)$$

La dépendance angulaire des fonctions d'onde

Malgré les apparences, l'équation précédente se révèle maniable quand on considère successivement la dépendance de la fonction d'onde dans les variables d'angles et de rayon. On remarque d'abord que la variable azimutale φ n'apparaît que dans la dérivée seconde $\partial^2\psi/\partial\varphi^2$. Or l'opérateur différentiel $\partial^2/\partial\varphi^2$ a pour fonctions propres les exponentielles $e^{\mu\varphi}$ et ces fonctions ne sont bien définies dans l'espace que si elles sont périodiques en φ avec la période 2π. Cela n'est possible que si l'on a des exponentielles complexes $e^{im\varphi}$ où m est un nombre entier, positif, négatif ou nul. On a alors $\partial^2\psi/\partial\varphi^2=-m^2\psi$ et le terme qui figure entre les parenthèses $\{\}$ de l'équation 2.22 devient

$$\frac{1}{\sin\theta}\{\frac{\partial}{\partial\theta}(\sin\theta\frac{\partial\psi}{\partial\vartheta})-m^2\psi\}. \quad (2.23)$$

On désigne cette quantité par $-L^2\psi$ où L^2 est le carré du moment cinétique, mais nous n'explorerons pas ici cette correspondance. Dans le cas où $m=0$, les fonctions propres de l'opérateur L^2 sont données par les polynômes de Legendre

$$P_l(\cos\theta)=\frac{d^l}{(d\cos\theta)^l}(\cos^2\theta-1)^l. \quad (2.24)$$

En effet, on a $(\sin\theta)^{-1}\,d/d\theta=-d/d\cos\theta$ et, en posant $\cos\theta=x$ et $m=1$, on a $L^2=(d/dx)\{(1-x^2)d/dx\}=(1-x^2)d^2/dx^2-2xd/dx$ et $P_l(x)=(d^l/dx^l)(x^2-1)^l$, d'où l'on déduit aisément $L^2P_l(x)=l(l+1)P_l(x)$, en tenant compte de la relation de commutation $[x,\,d/dx]=-1$ qui entraîne $x(d/dx)^n=(d/dx)^n x-n(d/dx)^{n-1}$. Cela montre que $P_l(x)$ est bien une fonction propre de L^2 avec la valeur propre $l(l+1)$, l étant le degré du polynôme $P_l(x)$ et donc un nombre entier positif ou nul.

Dans le cas où $m\neq 0$, l'analyse est plus laborieuse. La formule (2.23) montre que l'équation aux valeurs propres pour L^2 ne fait intervenir que la valeur absolue de m et l'on peut donc se contenter de considérer le cas où m est un entier positif ou nul. Les fonctions propres de L^2 sont alors les fonctions de Legendre associées

$$P_l^m(\theta) = (\sin \vartheta)^m \frac{d^m P_l(\cos\theta)}{(d\cos\theta)^m}, \qquad (2.25)$$

avec la même valeur propre $l(l + 1)$. Comme P_l est un polynôme de degré l, on doit avoir l'inégalité : $|m| \leq l$.

Notons que des méthodes élégantes et puissantes issues de la théorie des groupes permettent aussi d'obtenir ces résultats, mais nous ne les développerons pas. Signalons seulement que les fonctions $Y_l^m(\vartheta,\varphi) = AP_l^{|m|}(\theta)e^{im\varphi}$, où A est un coefficient de normalisation, sont appelées « harmoniques sphériques » et qu'elles apparaissent dans de très nombreuses applications de divers domaines de la physique et des mathématiques. L'orthogonalité et la normalisation de ces fonctions se traduisent par les relations

$$\int_0^\pi \sin\vartheta d\theta \int_0^{2\pi} d\varphi Y_l^{m*}(\vartheta,\varphi)Y_{l'}^{m'}(\vartheta,\varphi) = \delta_{ll'}\delta_{mm'}, \qquad (2.26)$$

où le symbole de Kronecker δ_{jk} est égal à 1 pour $j = k$ et 0 pour $j \neq k$.

Fonctions d'onde radiales

On peut alors chercher des fonctions d'onde de la forme $\psi(\rho,\theta,\varphi) = F(\rho)Y_l^m(\theta,\varphi)$, où la fonction F vérifie l'équation d'onde radiale

$$\frac{1}{\rho}\frac{d^2(\rho F)}{d\rho^2} + \frac{2F}{\rho} - \frac{l(l+1)}{\rho^2}F - \varepsilon F = 0. \qquad (2.27)$$

La fonction d'onde ψ devant être normalisable, l'intégrale $\int_0^\infty F^2(\rho)\rho^2 d\rho$ doit avoir une valeur finie, ce qui suppose la décroissance de la fonction F à l'infini. Quand ρ est suffisamment grand, le deuxième et le troisième terme de l'équation (2.27) sont négligeables devant le quatrième et l'équation devient $d^2(\rho F)/d\rho^2 - \varepsilon\rho F = 0$, d'où l'on déduit que F doit avoir un comportement exponentiel $e^{\pm\sqrt{\varepsilon}\rho}$, la fonction d'onde radiale d'un état lié devant donc se comporter quant à elle comme une exponentielle décroissante $e^{-\sqrt{\varepsilon}\rho}$.

Au voisinage de l'origine, le troisième terme domine en revanche parmi les trois derniers, du moins pour l différent de zéro, et l'on a, approximativement : $\rho d^2(\rho F)/d\rho^2 = l(l+1)F$. Si donc F se comporte comme une puissance ρ^α pour ρ petit, on doit avoir $\alpha(\alpha+1) = l(l+1)$, c'est-à-dire $\alpha = l$ ou $-(l+1)$. La fonction d'onde n'est évidemment normalisable que si elle se comporte comme ρ^l au voisinage de l'origine. Or la donnée de ce comportement détermine entièrement la solution de l'équation différentielle (2.27) et cette solution comporte en général une somme de termes exponentiels des deux formes $e^{\pm\sqrt{\varepsilon}\rho}$ à l'infini. Les exponentielles croissantes ne peuvent disparaître que pour des valeurs très spéciales du paramètre ε et cette condition détermine finalement les niveaux d'énergie de l'atome d'hydrogène.

Il suffirait donc en principe de procéder à des calculs numériques pour déterminer ces valeurs propres ε et en déduire le spectre d'énergie de l'atome d'hydrogène. C'est la situation générale en physique quantique et c'est aussi la raison pour laquelle on y attache une grande importance aux méthodes de calcul efficaces. Pourtant, le cas de l'atome d'hydrogène échappe à ce cadre général, car il est possible de calculer exactement son spectre, du moins pour le modèle simple d'hamiltonien considéré ici. La raison de cette particularité est plus intéressante que le calcul lui-même et l'on va donc essayer de la comprendre.

Revenons pour cela au problème de Kepler de la mécanique classique où une planète gravite autour d'un astre. Un électron qui tournerait autour d'un noyau sous l'effet d'un potentiel coulombien et obéirait à la physique classique aurait évidemment un comportement similaire. Son énergie demeurerait constante, ainsi que son moment cinétique $\vec{L} = \vec{x} \wedge \vec{p}$, la conservation de celui-ci étant due au fait que l'interaction coulombienne ou gravifique dérive d'un potentiel central. Or il se trouve que ces deux constantes du mouvement ne sont pas les seules. Dans le cas coulombien, le vecteur de Lenz $(\vec{p} \wedge \vec{L})/m_e + e^2\vec{x}/|\vec{x}|$ est également conservé. Mais pourquoi ?

D'après un théorème important d'Emmy Noether, l'invariance d'un système dynamique par l'action d'un groupe de transformations entraîne l'existence de constantes du mouvement. Ainsi, le fait qu'un potentiel ne dépend pas du temps implique l'invariance de la dynamique par un changement de l'origine des temps. Ces changements d'origine constituent un groupe, celui des translations du temps, et la constante correspondante pour le mouvement n'est autre que l'énergie. Dans le cas d'un potentiel central, la dynamique est invariante sous l'action du groupe des rotations de l'espace et la constante du mouvement associée à cette invariance est le moment cinétique. En outre, le mouvement coulombien possède un autre invariant, le vecteur de Lenz dont l'existence correspond à un groupe d'invariance fort bien caché, puisqu'il ne fut découvert qu'en 1925 par Pauli.

Cette simplicité sous-jacente a des répercussions analytiques directes pour l'équation radiale (2.27). Si l'on pose $F(\rho) = e^{-\sqrt{\varepsilon}\rho}\rho^l R(\rho)$, les fonctions $R(\rho)$ ainsi introduites se trouvent être des polynômes connus (les polynômes de Laguerre, introduits en mathématiques en 1860) et les valeurs du paramètre ε qui leur correspondent sont égales à $1/n^2$, où n est un nombre entier positif tel que $n > l$. On a alors, explicitement, $R_{nl}(\rho) = L_{n+l}^{2l+1}(2\rho/n)$, avec

$$L_p^q(z) = e^z \frac{d^p}{dz^p}(e^{-z}z^{p-q}).$$

En résumé

Les états de l'atome d'hydrogène sont caractérisés par trois nombres quantiques (n, l, m), tous entiers, m pouvant être positif, négatif ou nul. Le nombre n est strictement positif ($n = 1, 2, 3...$) et les niveaux d'énergie sont donnés par la formule simple

$$E_n = -\frac{m_e e^4}{2\hbar^2 n^2}. \qquad (2.28)$$

Le nombre quantique l est positif ou nul, strictement inférieur à n, et la quantité $l(l + 1)\hbar^2$ est une valeur propre du carré du moment cinétique. Le nombre quantique azimutal m est limité quant à lui par la condition $|m| \leq l$. La quantité $m\hbar$ est valeur propre de la composante L_z du moment cinétique le long de l'axe des z (utilisé pour les coordonnées sphériques). Les fonctions d'onde sont donc connues explicitement, ce qui a donné lieu à des vérifications expérimentales quasiment innombrables. Ces résultats ont apporté une confirmation cruciale des lois quantiques, dès 1926, mais ceux qui sont venus depuis sont allés de plus en plus loin dans la structure des particules, ils ont expliqué de manière chaque fois plus précise les propriétés de la matière et ils sont une des sources majeures des techniques modernes, aussi bien physiques que chimiques, astronomiques et biologiques. Ce qu'on vient de montrer n'est donc qu'un exemple dont l'intérêt réside surtout dans son importance historique et dans la simplicité de l'objet analysé. Ce sera le seul cas d'application que nous traiterons ici et nous renvoyons le lecteur à des traités plus techniques ou plus spécialisés pour trouver davantage d'information.

CHAPITRE 3

Une accumulation
de difficultés

Les lois de la nature ne sont pas données comme des évidences, il faut parfois faire d'immenses efforts de rigueur et d'imagination pour les comprendre. C'est ce qu'Einstein exprimait dans sa phrase célèbre, « Dieu est subtil, mais il n'est pas méchant ». Pourtant, aussitôt après le triomphe de la découverte des lois quantiques, les difficultés s'accumulèrent pour longtemps, faisant se demander à Einstein lui-même si l'on ne s'était pas trompé de voie.

L'opposition entre le probabilisme quantique et le déterminisme classique restait entière et apparemment absolue. Les quantités physiques les plus évidentes avaient été abolies par les nouvelles lois, pour réapparaître sous la forme d'opérateurs et de matrices qui ne commutaient plus. Les fonctions d'onde, qui semblaient la partie la plus intuitive de la nouvelle physique, prenaient leurs valeurs dans les nombres complexes. La tâche apparaissait immense à qui voulait comprendre, comme c'était le cas pour les pionniers.

Puis les difficultés s'accumulèrent entre 1927 et 1935, alors que les lois quantiques se révélaient incroyablement fécondes par leurs prédictions d'une multitude d'effets nouveaux, d'ouvertures de champs de recherche vierges et de résolutions d'anciens mystères. La source des difficultés n'était donc sans doute pas dans les lois elles-mêmes, mais dans la compréhension qu'on en avait. Trois problèmes allaient occuper le devant de la scène dans ces questions d'interprétation : les conséquences des relations d'indétermination d'Heisenberg, la dualité onde-particule et la possibilité d'interférences quantiques à grande échelle, qu'on appelle souvent le problème du chat de Schrödinger.

Les relations d'indétermination

Les relations d'indétermination (ou d'incertitude) furent découvertes par Heisenberg en 1927, à la suite de considérations intuitives et de calculs simples. Il partait de la signification probabiliste des fonctions d'onde, ce qui entraînait l'utilisation de notions familières en calcul des probabilités, comme celles de valeur moyenne et de variance (ou d'écart quadratique) pour une quantité physique aléatoire.

Précisons donc ces notions. On considère un système dont la fonction d'onde est désignée par ψ et une observable A. On a vu que les valeurs numériques de A, qui peuvent apparaître comme des résultats possibles de sa mesure, sont ses valeurs propres $a^{(j)}$ associées à des vecteurs propres $\varphi^{(j)}$. La probabilité p_j pour que la mesure de A donne le résultat $a^{(j)}$ est donnée par [1]

$$p_j = \left|(\varphi^{(j)}, \psi)\right|^2. \qquad (3.1)$$

La valeur moyenne de ces résultats est désignée par $\langle A \rangle$ en physique quantique, alors qu'on parle plutôt d'espérance mathématique en utilisant la notation $\bar{A}$ en calcul des probabilités. Elle est définie par l'expression :

$$\langle A \rangle = \sum_j p_j a^{(j)}, \qquad (3.2)$$

L'écart quadratique moyen ΔA (quelquefois appelé incertitude en physique) est défini par [2]

$$\left(\Delta A\right)^2 = \left\langle (A - \langle A \rangle)^2 \right\rangle = \left\langle A^2 \right\rangle - \left\langle A \right\rangle^2. \qquad (3.3)$$

Il mesure l'étalement des valeurs prises par A dans l'état de fonction d'onde ψ.

On peut aussi noter une expression simple et souvent utile de la valeur moyenne[3] :

$$\langle A \rangle = (\psi, A\psi).\qquad (3.4)$$

Le microscope d'Heisenberg

L'intérêt d'Heisenberg se concentrait sur les incertitudes Δx et Δp_x des composantes de la position et de l'impulsion d'une particule sur un même axe. En faisant le calcul pour une fonction d'onde gaussienne, il constata que leur produit $\Delta x.\Delta p_x$ était égal à $\hbar/2$. Les conséquences semblaient surprenantes et, pour découvrir ce que ce résultat devenait pour des fonctions d'onde plus générales, il imagina plusieurs expériences de pensée (*gedanken experiment*), dont celle du fameux « microscope d'Heisenberg ».

Ce modèle se présentait ainsi : un électron est préparé de manière à se trouver dans le plan focal d'un microscope d'axe z et l'on cherche à mesurer sa coordonnée x dans ce plan. On éclaire pour cela l'électron par une lumière monochromatique de longueur d'onde λ, laquelle est diffusée par l'électron avant d'être vue au travers du microscope. On peut ainsi connaître en principe la valeur de x, avec une incertitude Δx qui ne tient qu'au pouvoir séparateur limité de l'instrument. Mais la mesure a des répercussions sur l'impulsion de l'électron, car la lumière est formée de photons possédant eux-mêmes une impulsion. Quand un photon se diffuse sur l'électron, il imprime à celui-ci une impulsion de recul de grandeur p. Cette impulsion ne pourrait être connue qu'en déterminant l'impulsion du photon diffusé, mais tout ce que l'on sait sur ce photon c'est qu'il est passé par le diaphragme d'entrée du microscope. En analysant toutes les conditions, on constate que le produit $\Delta x.\Delta p_x$ est nécessairement de l'ordre de $\hbar$, comme on le montre dans les notes[4].

On remarque que l'incertitude Δp_x résulte d'une indétermination de l'impulsion du photon, lui-même étant considéré comme une particule, alors que Δx est dû à la limitation du pouvoir séparateur du microscope, attribuable à la diffraction de la lumière quand celle-ci est traitée comme une onde. La relation d'indétermination pour l'électron apparaît ainsi comme étroitement liée au caractère quantique de la lumière. L'argument du microscope d'Heisenberg ne pouvait donc pas être considéré comme une démonstration directe des relations d'indétermination, mais plutôt comme une condition de cohérence entre des limitations qui s'imposent, aussi bien à l'électron qu'à la lumière, à cause de leur double caractère d'onde et de particule.

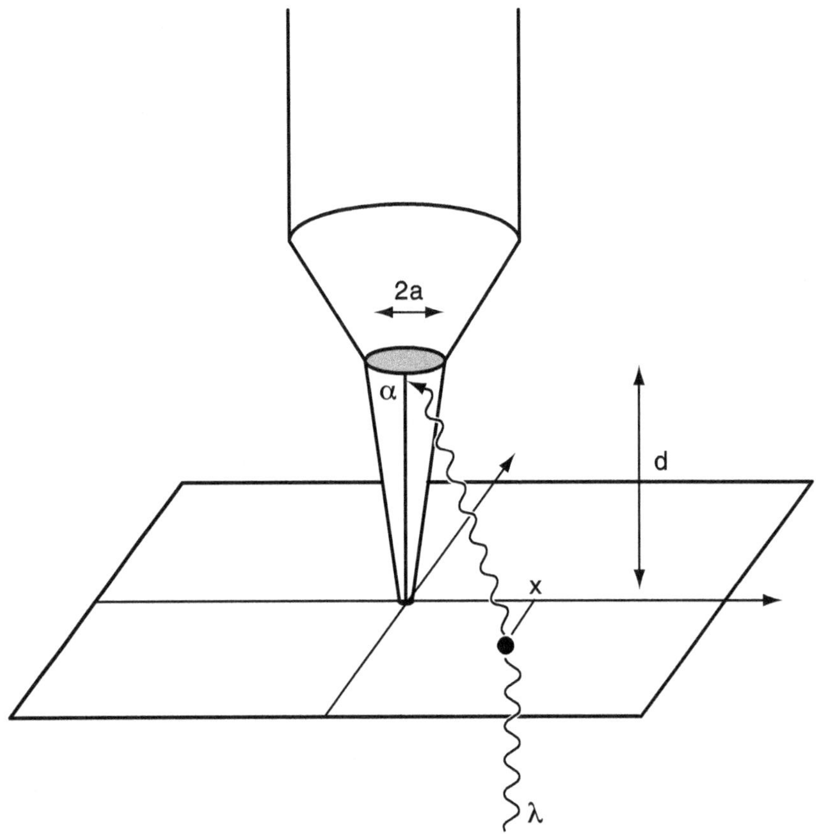

Figure 3.1. Le microscope d'Heisenberg

L'expérience imaginaire de Bohr

On recourait beaucoup à l'époque aux expériences de pensée et l'une d'elles, conçue par Bohr, allait montrer que les relations d'indétermination étaient distinctes de la dualité onde-particule.

Elle se présentait de la manière suivante. Un électron traverse un écran percé d'une fente de largeur Δy, de sorte que si on l'observe de l'autre côté de l'écran après son passage, on connaît sa position transverse y dans la direction parallèle à l'écran et perpendiculaire à la fente, l'indétermination correspondante étant Δy. Supposons que l'électron arrive perpendiculairement à l'écran, la composante y de son impulsion est donc nulle. Cette impulsion peut changer d'une certaine quantité Δp_y lors d'une interaction de l'électron avec l'écran quand il traverse la fente, mais on peut connaître en principe cette variation en mesurant l'impulsion $\Delta p_y' = - \Delta p_y$ qui a été reçue par l'écran. On note cependant que pour mesurer $\Delta p_y'$, il faut que l'écran puisse se déplacer dans la direction y.

Bohr étend alors l'idée des relations d'indétermination à l'écran lui-même, bien que celui-ci soit macroscopique. Il faut admettre que la position transversale y' du centre de la fente comporte une indétermination $\Delta y'$, telle que le produit $\Delta y' \Delta p_y'$ soit au moins de l'ordre de $\hbar$. Mais $\Delta y'$ doit être au plus de l'ordre de la largeur Δy de la fente pour que l'indétermination sur la position transversale y de l'électron traversant la fente soit effectivement de l'ordre de Δy. La validité de la relation d'indétermination pour l'écran $(\Delta x'.\Delta p_x' \sim \hbar)$ entraîne alors la même relation pour l'électron. En revanche, si l'écran est *parfaitement* classique $(\Delta y x' = 0)$, la relation d'incertitude pour l'électron est frappée d'incohérence.

L'expérience idéale de Bohr signifiait donc que la mécanique classique, valable pour l'écran macroscopique, devait être soumise, elle aussi, à des indéterminations, même si la petitesse de la constante de Planck les rend négligeables en pratique.

Conséquences

Les conséquences des relations d'indétermination sont essentielles pour la signification de la physique quantique. Elles impliquent, en premier lieu, qu'une mesure de position restreint la précision d'une mesure simultanée de l'impulsion, et réciproquement. Plus la précision de l'une est grande et plus celle de l'autre est inévitablement imprécise.

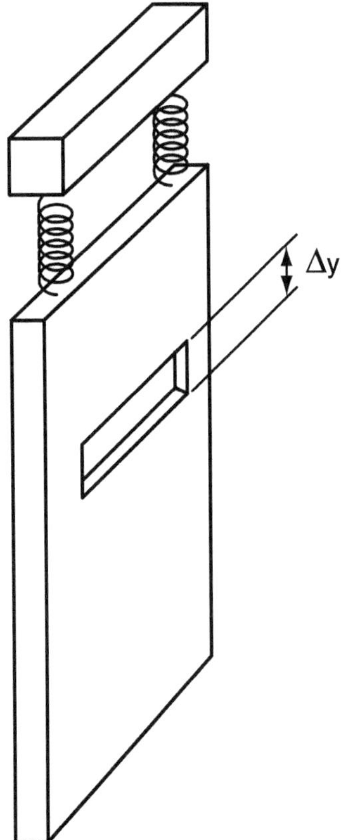

Figure 3.2 : l'expérience de pensée de Bohr

Il existe une conséquence plus profonde pour la compréhension du monde quantique, à savoir l'impossibilité de concevoir qu'une particule ait une trajectoire. Si l'on imagine en effet que la particule puisse être exactement en un certain point $\vec{x}$ de l'espace à un instant donné, sa vitesse $\vec{v}$ est alors totalement indéterminée. En d'autres termes, si la trajectoire existait, sa tangente au point $\vec{x}$ serait inconnaissable. Le concept de trajectoire devient donc inacceptable, impensable, malgré son grand attrait intuitif. L'intuition devient aveugle dans le monde quantique et les lois mathématiques sont le seul guide qui permette de se diriger à coup sûr !

Ajoutons enfin que les relations d'indétermination sont générales et ne s'appliquent pas seulement à la position et l'impulsion, comme le montre leur démonstration dans les notes[5].

Superpositions macroscopiques
et chat de Schrödinger

L'expérience de pensée de Bohr montrait que les objets macroscopiques devaient posséder certains caractères quantiques pour que la
théorie soit cohérente. Si l'on admet alors que les principes quantiques
s'appliquent à leur échelle, cela entraîne des conséquences nouvelles et
surprenantes. La plus importante est l'amplification des superpositions quantiques à l'échelle macroscopique lors d'une mesure. On
parle d'interférences macroscopiques, qui furent décrites et analysées
de manière saisissante par Schrödinger en 1935. C'est par référence à
son article historique que l'énigme qu'il a soulevée porte depuis le nom
de « problème du chat de Schrödinger », on va voir pourquoi.

L'exemple de Schrödinger

Voici l'exemple qu'il utilisa. Tout se passe dans une boîte à
l'intérieur de laquelle se trouvent une source radioactive, un compteur Geiger, un crochet mobile, une fiole de poison et un chat.
Quand une désintégration a lieu, la source émet une particule alpha
que le compteur Geiger détecte, le crochet s'abaisse en laissant tomber la fiole qui se brise en émettant un poison violent. Le dernier
élément de l'appareil de mesure « diabolique » (selon l'expression de
Schrödinger lui-même) est un chat dont la mort a lieu aussitôt.

Voyons maintenant comment cette description se traduit quand
on l'exprime dans le formalisme quantique. On supposera que la
source radioactive se réduit à un noyau unique, alors que la théorie
s'applique au système global comprenant la boîte, le noyau, le
compteur, la fiole, le poison et le chat, tout cela décrit par une
grande fonction d'onde dépendant des positions de toutes les particules, y compris celles qui constituent le chat. On pourrait objecter
qu'un chat est un être vivant et que la physique ne peut en rendre
compte, mais il n'est évidemment introduit que pour illustrer le problème de façon frappante ; on aurait pu s'arrêter au compteur, mais
le chat a été invité pour son rôle tragique.

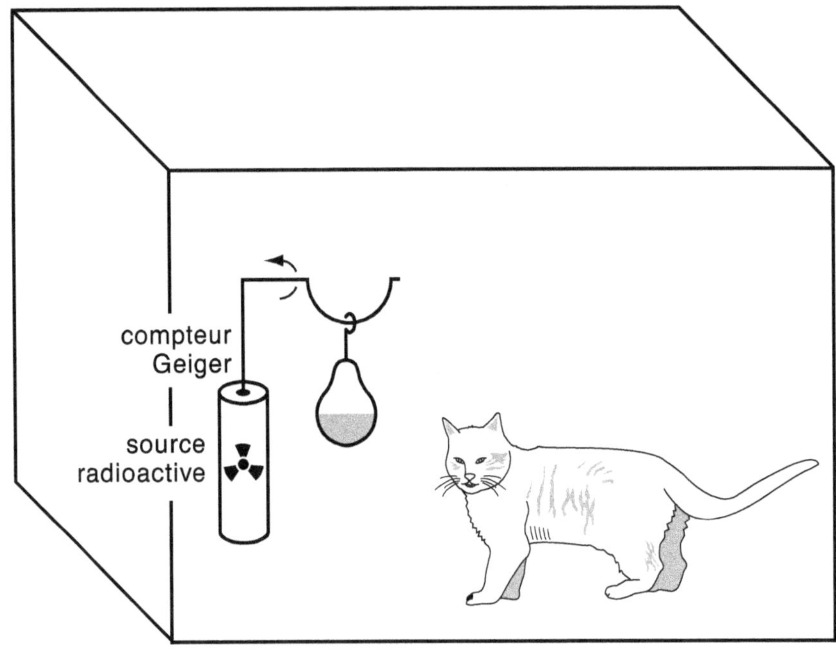

Figure 3.3 : l'expérience du chat de Schrödinger

S'il y avait seulement le noyau, sans rien autour, sa description se réduirait à une fonction d'onde relativement simple, comportant deux parties distinctes : l'une décrirait le noyau intact et l'autre les produits de sa désintégration. Il est commode d'utiliser à cet effet une notation due à Dirac où la fonction d'onde du noyau intact est désignée simplement par | noyau intact > et celle des produits de désintégration par l'écriture | noyau désintégré>. La fonction d'onde est une superposition et s'écrit symboliquement :

$$a \, | \text{noyau intact} > + \, b \, | \text{noyau désintégré} >.$$

Les nombres a et b sont deux amplitudes dépendant du temps, deux nombres complexes dont les carrés fournissent les probabilités respectives pour que le noyau soit encore intact ou déjà désintégré à un certain instant t (la théorie montre d'ailleurs que la probabilité $|a(t)|^2$ pour que le noyau soit intact est égale à $\exp(-t/T)$, où T est la vie moyenne du noyau radioactif).

Quand on tient compte de la totalité du contenu de la boîte, il est commode de représenter la fonction d'onde totale par le seul état du chat et d'écrire cette fonction à l'instant t comme une superposition

$$\psi = a \,|\, \text{chat vivant} > + \, b \,|\, \text{chat mort} > \qquad (3.5)$$

Le point le plus important de cette écriture formelle est que les conséquences du principe de superposition ne se limitent pas au domaine atomique, une expérience de mesure les amplifiant en effet à de plus grandes échelles, comme celle d'un chat dans le cas présent. On l'exprime souvent en disant que les interférences quantiques (c'est-à-dire les superpositions de fonctions d'onde) s'étendent en principe à des « interférences macroscopiques ». Il serait cependant difficile de préciser à quoi ressemblent ces interférences à grande échelle, car on n'en a jamais vu et c'est justement là tout le problème : la théorie semble prévoir des effets qu'on n'observe pas.

Une analogie classique

Sans essayer d'interpréter vraiment l'état (3.5), on peut mieux le comprendre en recourant à une analogie classique. En effet, beaucoup de problèmes de physique quantique dépendent davantage de leur forme mathématique que de l'objet qui les suscite et de sa situation. Au lieu d'un chat et des deux possibilités « être vivant » ou « être mort », on pourrait considérer n'importe quel objet (un atome, un photon, une aiguille de voltmètre) présentant n'importe quel couple de propriétés 1 et 2 qui s'excluent mutuellement (comme avoir tourné de 90 degrés vers la gauche ou la droite dans l'exemple de l'aiguille). Dans tous les cas, les systèmes dont l'amplitude est de la forme

$$a \text{ « propriété 1 » } + b \text{ « propriété 2 »}$$

ont une grande similitude.

Les analogies mathématiques ne se limitent d'ailleurs pas à la physique quantique. On peut en trouver une autre dans les ondes lumineuses polarisées, dont la description mathématique est très similaire. Dans le cas d'une onde plane monochromatique se propageant dans la direction de l'axe des z, on sait que le vecteur champ électrique vibre dans le plan xy et peut s'écrire sous la forme

$$\vec{E} = a\vec{e}_x + b\vec{e}_y, \qquad (3.6)$$

les composantes a et b le long des deux axes d'espace étant des nombres complexes. Bien que cette notation complexe ne soit pas strictement physique (le champ physique est en réalité la partie réelle du vecteur complexe qu'on vient d'écrire), elle permet de spécifier simplement la phase, l'intensité et la polarisation de chaque onde. Les carrés $|a|^2$ et $|b|^2$ des coefficients sont proportionnels à l'intensité de la lumière polarisée le long des directions x et y. Lorsque a et b sont réels (ou de même phase) le champ vibre rectilignement, selon une direction fixe dans le plan xy. Lorsque $b = ia$ (ou $-ia$) le champ tourne sans changer d'intensité et l'on a une polarisation circulaire. Dans le cas général où a et b sont quelconques, l'extrémité du vecteur champ parcourt une ellipse.

Il est clair que les formules (3.5) et (3.6) sont très similaires et un examen clinique du chat qui déterminerait son état vital serait analogue à une analyse de la polarisation lumineuse. L'analogie avec une mesure quantique est trop lointaine pour nous apprendre beaucoup, mais les changements que subit la polarisation quand l'onde traverse une lame quart d'onde offrent davantage d'intérêt. Rappelons qu'une lame quart d'onde a pour effet de faire tourner le vecteur champ de 90°, de sorte que l'onde « x » devient « y » et l'onde « y » devient « $-x$ ». Le signe moins est sans importance, mais la correspondance avec le cas du chat suggère une analogie mathématique où un appareil idéal aurait le même effet que la lame quart d'onde sur la lumière et transformerait un chat vivant en chat mort, et inversement !

L'existence d'une telle « lame de réanimation » du chat serait envisageable si l'on admettait un principe posé par Von Neumann, pour qui tout hamiltonien mathématique était concevable et qu'en conséquence toute transformation mathématique unitaire devait l'être aussi, en laissant un hamiltonien convenable agir sur un système physique pendant un temps convenable. Si l'on représente en effet les états du chat par des vecteurs rapportés à une base orthonormée dans un espace d'Hilbert à deux dimensions, en prenant pour vecteurs de base $|$chat vivant$>$ et $|$chat mort $>$, il suffirait de prendre pour action de la lame de réanimation la transformation unitaire S de matrice

$$S = \begin{pmatrix} 0 & 1 \\ 1 & 0 \end{pmatrix}. \qquad (3.7)$$

En se plaçant exactement dans le même cadre mathématique simple que celui adopté par Schrödinger, on réaliserait ainsi une permutation des états « mort » et « vivant » chez le chat.

Cette comparaison n'est pas absurde, on a réalisé de nombreuses expériences de ce genre avec des systèmes atomiques. La question que l'exemple de la lame de ranimation souligne est donc plutôt de savoir s'il n'y a pas un risque d'erreur à se limiter à un niveau mathématique trop simple et si des réanimations, des retours en arrière, sont vraiment concevables dans le cas d'un objet aussi complexe qu'un chat ou un voltmètre.

Le paradoxe du chat de Schrödinger a fait l'objet d'innombrables commentaires, qui ont fait apparaître deux failles dans sa formulation. Avait-on le droit d'admettre que toute transformation unitaire mathématiquement concevable puisse être réalisée physiquement ? La description de l'état d'un appareil de mesure (ou d'un chat) par une superposition de deux fonctions d'onde idéales identifiées à deux états tels que $|$chat mort $>$ et $|$chat vivant $>$ était-elle légitime ? Un appareil ou un chat possède en effet un nombre énorme de degrés de liberté dont il fallait peut-être tenir compte. Ces questions seront reprises plus loin, quand on étudiera la décohérence.

Nota : La description du problème du chat de Schrödinger telle qu'on vient de la donner semblera peut-être trop succincte à certains lecteurs. Aussi trouveront-ils dans les notes la description explicite d'un modèle de mesure dû à Von Neumann, dans lequel ce problème est d'ailleurs apparu pour la première fois[6].

La dualité onde-particule

Une conséquence directe du principe de superposition est l'existence de phénomènes d'interférences en physique quantique. Le paradigme en demeure l'expérience des trous d'Young pour la lumière, dont on rappellera d'abord la théorie bien connue.

Une onde lumineuse plane et monochromatique, arrivant perpendiculairement sur un écran percé de deux trous, apparaît de l'autre côté de l'écran comme une superposition de deux ondes sphériques centrées sur chacun des trous. Cette onde totale a la forme

$$\frac{A}{R_1}\exp(ikR_1 - i\omega t) + \frac{A}{R_2}\exp(ikR_2 - i\omega t), \qquad (3.8)$$

où A est un coefficient de normalisation dépendant de l'intensité de l'onde, R_1 et R_2 étant les distances d'un point courant aux deux trous, ω la fréquence de l'onde et k le nombre d'onde, égal à ω/c. On choisit des coordonnées dont l'origine O est placée sur l'écran, à égale distance des deux trous, l'axe des z étant perpendiculaire à l'écran et l'axe des y passant par les deux trous, dont les centres ont des ordonnées y égales à $\pm a$.

On considère un plan parallèle à l'écran et situé à une distance D, cette distance étant grande par rapport à la longueur d'onde et à la distance qui sépare les trous. Dans ce plan, on peut écrire l'onde en un point de coordonnées (x, y, D) proche de l'axe des z, sous une forme simple. On remarque pour cela que R_1 et R_2 varient peu au voisinage du point $(0, 0, D)$ et sont tous deux proches de D ; on peut donc les remplacer par D dans les dénominateurs de l'expression (3.8). Les exposants des exponentielles sont en revanche plus sensibles à des variations de (x, y) et l'on a par exemple

$$R_1 = \sqrt{D^2 + x^2 + (y-a)^2} \approx D + \frac{x^2 + y^2 - 2ay}{D},$$

l'expression de R_2 est la même, après remplacement de a par $-a$. L'onde (3.8) prend ainsi la forme

$$\frac{2A}{D}\cos(2kay/D) \times \exp[ik(D + \frac{x^2 + y^2}{D}) - i\omega t] \qquad (3.9)$$

Si le plan placé à distance D est matérialisé par un écran de détection, l'intensité de son éclairement est proportionnelle à $\cos^2(2kay/D)$ et montre des raies d'interférence perpendiculaires à l'axe des y.

En physique quantique, on a réalisé de nombreuses expériences d'interférence, de ce type ou d'autres, avec des atomes ou des particules élémentaires. L'écran détecteur (qui peut être une collection de compteurs) permet dans ce cas de constater en quel point un atome vient le frapper. Si la fonction d'onde initiale est une exponentielle imaginaire de la forme $\exp(ipz/\hbar)$, elle correspond à un atome d'impulsion p déterminée, le nombre d'onde k étant donné par $k = p/\hbar$. Quand les atomes arrivent un par un sur l'écran, on voit peu à peu se construire des raies, chaque atome arrivant au hasard sur l'écran, mais la statistique finale des différents points d'impact est décrite, comme précédemment, par une fonction de la forme $\cos^2(2kay/D)$.

Une difficulté d'ordre logique apparaît cependant quand on essaie de *comprendre* et d'*expliquer* ce qui se passe. On ne peut éviter de *parler* alors de la fonction d'*onde* et de dire qu'elle est la superposition de deux ondes issues des trous. En revanche, quand il s'agit de rendre compte de l'impact d'un atome particulier sur l'écran, on ne peut faire autrement que dire qu'à ce moment-là la *particule* « atome » est arrivée en un point précis de l'écran.

Une question lancinante, qui a longuement préoccupé des physiciens et des philosophes des sciences, se pose alors ainsi : « De quoi parle-t-on ? Une onde n'est pas une particule et un même objet physique ne peut pas être les deux à la fois. » Pour les philosophes, c'est une question d'ontologie, c'est-à-dire de l'être ou de la nature de l'objet qui traverse l'écran percé des deux trous. Elle est d'autant plus troublante que, si l'on insiste pour retenir le concept de particule, on ne comprend pas comment elle a pu traverser *les deux trous à la fois*. Cela ne pose pas de difficulté pour une onde, mais alors, comment l'onde perd-elle soudain son caractère continu pour ne se manifester qu'en un point, en tant que particule, au moment de la détection ?

Ce dilemme porte le nom de « dualité onde-particule ». Il en existe de multiples exemples analogues, ainsi quand on doit choisir entre l'impulsion d'une particule ou sa position, selon ce que l'on considère dans une expérience. La difficulté logique est alors due aux relations d'incertitude. En fait, une analyse attentive montre que ces difficultés sont toujours dues à la non-commutation de certaines observables[7].

Y a-t-il vraiment une difficulté de fond ? On peut en douter dans la mesure où le formalisme de la théorie rend parfaitement compte de tous les faits observés. C'est *l'interprétation* de ce formalisme qui fait surgir des problèmes, quand on essaie d'exprimer ses conséquences *au moyen du langage ordinaire*. La question qui se pose est donc en réalité de déterminer en quels termes on peut *parler* du monde quantique. On aura l'occasion d'y revenir.

CHAPITRE 4

Comment comprendre la physique quantique ?

Les lois quantiques sont tellement différentes de ce que nous connaissons à notre échelle, si éloignées de nos modes de pensée habituels, qu'il est bon de prendre un peu de recul. Il ne faut pas s'illusionner : comprendre la physique quantique n'est pas facile et, comme dans tout exercice de ce genre, il est utile de cerner les difficultés. C'est pourquoi on va s'éloigner un moment de la physique proprement dite pour mettre en évidence les obstacles à sa compréhension. Certains tiennent, comme on le verra, au fonctionnement de notre propre cerveau, inadapté au monde quantique. Ce désaccord entre l'intuition et les lois quantiques a lui-même des racines profondes, dues essentiellement à deux caractères majeurs de ces lois, le principe de superposition et le hasard absolu.

Il m'a semblé qu'en prenant conscience des véritables difficultés du sujet, sa compréhension n'en serait que plus facile. Il est vrai que cela nous éloigne des considérations ordinaires des traités de physique, mais la physique quantique n'a justement rien d'ordinaire.

L'intuition et la perception

L'intuition

Les sciences les plus fondamentales sont celles qui nous font pénétrer le plus loin dans les mystères de la nature, mais elles sont aussi, d'une certaine manière, les plus inaccessibles à l'intuition. C'était vrai de la relativité générale avec son espace-temps courbe et ce l'est aussi, plus encore, de la physique quantique. On ne peut donc éviter de se demander, dans ces deux cas, si les difficultés qu'on éprouve à comprendre ne tiendraient pas à notre intuition, à notre langage et, en somme, à notre propre cerveau.

Il est utile de parler d'intuition à ce sujet et de dire d'abord ce qu'il faut entendre par là. Le mot remonte à un verbe latin signifiant « regarder attentivement » et la langue française l'a conservé dans un sens figuré comme « se représenter par la pensée ». Le mot *intuitio* lui-même désignait une « image reflétée dans un miroir » et notre esprit pense donc par intuition quand il forme une image intérieure pour donner corps à une idée, sans qu'il soit nécessaire de l'analyser pour la comprendre.

On s'est beaucoup interrogé sur les difficultés de la théorie quantique, en particulier sous un angle philosophique, mais ce n'était probablement pas la bonne voie d'approche. Un préliminaire indispensable consiste à se demander d'abord pourquoi on ne comprend pas bien le monde quantique, ou on le comprend si mal, c'est-à-dire pourquoi il échappe à notre intuition. Pour cela, il faut mieux comprendre en quoi l'intuition consiste et la discipline qui peut nous l'apprendre est la neurophysiologie du cerveau. On va donc indiquer ici quelques données élémentaires de cette science.

La perception

La connaissance du cerveau a fait de grands progrès au cours des dernières décennies et l'on s'appuiera sur quelques-uns de ses résultats pour mieux situer les contraintes et les limites de la perception et de l'imagination humaine, comprendre comment le cerveau perçoit la réalité et comment il recourt à l'abstraction. On verra ainsi pourquoi il est normal que l'intuition se heurte à un mur devant l'étrangeté des quanta.

La communication entre le cerveau et la réalité extérieure passe par la perception, c'est-à-dire par les sens. On se limitera ici à la vue parce que c'est le sens le mieux étudié depuis les travaux fondamentaux de David Hubel qui lui valurent le prix Nobel de médecine en 1981. On admettra évidemment l'optique, qui nous apprend comment un objet émet de la lumière ou la réfléchit et qui explique comment, après avoir traversé la lentille du cristallin, la lumière produit une image sur la rétine. C'est alors que la perception commence.

La rétine contient environ 140 millions de cellules capables de détecter la lumière, des photorécepteurs qui sont eux-mêmes en communication avec des neurones formant un réseau étroitement connecté. Ces neurones de la rétine envoient l'information visuelle au cortex à travers le nerf optique, lequel est constitué d'environ un million de filaments nerveux (ou axones) émanant des neurones rétiniens. Chaque axone peut transporter des impulsions électriques et la collection de tous ces signaux constitue le message adressé au cerveau, lequel ne dispose de rien d'autre pour comprendre l'image. On peut traduire ce fait en disant que le cerveau reçoit ainsi un message codé où les données optiques ont été transformées en données électriques.

La perception du temps et de l'espace

On a cru longtemps que la rétine transmettait directement au cerveau l'image physique qu'elle recevait et dont elle préservait exactement les formes et les couleurs. En fait, le travail de filtrage et de codage des neurones rétiniens est incomparablement plus subtil. L'information qu'ils reçoivent est en effet trop riche pour être transmise telle quelle, car les photorécepteurs (qui décomposent l'image en pixels, comme un appareil de photographie numérique) et les neurones rétiniens (qui engendrent les signaux électriques) sont beaucoup trop nombreux. Chaque neurone émet et reçoit des impulsions électriques, mais l'accumulation de cette multitude de petits signaux serait inutilisable si elle parvenait directement au cerveau. En outre, elle ne passerait pas au travers du maigre million de fibres du nerf optique, où la transmission est relativement lente.

Il faut donc qu'un ordre s'installe et il s'instaure grâce au synchronisme. On a constaté en effet que les neurones du cerveau (et de la rétine) étaient capables de coopérer, ce qui est d'ailleurs à la base de leur action. La coopération entre plusieurs neurones se produit quand leurs impulsions s'ajustent et deviennent simultanées, agissant alors ensemble comme une salve dirigée vers le cerveau et non pas un par un, comme ferait une grenaille aléatoire de bits d'information dispersés. Les neurones qui ne sont pas en train de coopérer émettent aussi des signaux, mais sans corrélation et, apparemment, sans conséquence notable. L'information utile qui atteint le cerveau est donc produite en fin de compte par des signaux synchrones provenant de blocs de neurones en coopération étroite.

L'action synchrone des neurones a des conséquences importantes pour notre représentation de la réalité. Bien qu'on soit encore loin de savoir comment le cerveau construit cette représentation, on peut tenir pour certain qu'elle est gouvernée par le temps, ordonnée dans le temps et découpée en une suite d'instantanés, puisque l'information qui l'engendre possède ces caractères.

Le mécanisme de coopération des neurones induit aussi des conséquences notables sur notre représentation de l'espace. Les neurophysiologistes ont observé que les groupes de neurones qui coopèrent rassemblent des signaux provenant de petites régions circulaires de la rétine. L'information relative à l'image rétinienne est donc une moyenne de ce que ces régions détectent. Cela impose au cerveau une représentation continue de la réalité, alors que les pixels des photorécepteurs, sensibles à des photons individuels, étaient beaucoup plus disparates. Même si d'autres mécanismes neuronaux de la rétine compensent en partie ce passage à la moyenne en se spécialisant dans la détection des contrastes, on peut admettre que l'imagination est effectivement contrainte, physiologiquement, à voir l'espace continu.

L'imagination et l'intuition sont en effet étroitement liées. En observant l'activité du cerveau au moyen de divers types de scanners (en particulier les caméras à positons et les scanners à résonance magnétique), on a constaté que lorsqu'on se souvient d'une image ou qu'on l'imagine, les zones du cortex qui travaillent à cette représentation sont les mêmes que celles qui sont à l'œuvre quand on regarde réellement l'image. Notre imagination est donc physiologiquement déterminée, elle aussi, à se représenter un espace continu où chaque objet est situé en un lieu défini. Elle ne peut pas créer n'importe quelle vision, même en ayant recours aux effets spéciaux du cinéma. Ajoutons au passage que nos deux yeux et, plus encore, notre sens du toucher et de nos propres mouvements nous rendent sensibles aux trois dimensions de l'espace, de sorte que le cerveau restreint son imagination visuelle à ces trois dimensions.

L'abstraction et la conscience

Le signal provenant de la rétine est analysé par plus de trente régions distinctes du cerveau, dont chacune est localisée dans une zone différente et accomplit une fonction spécifique, voire plusieurs. Des zones ont pour tâche de reconnaître des formes et, en particulier, certaines réagissent surtout aux lignes horizontales ou aux verticales. D'autres sont spécialisées dans l'analyse des couleurs, la détection du mouvement ou de nombreux autres aspects des images. Toutes ces régions échangent leurs informations et se constituent en complexes interactifs où la reconnaissance des objets, perçus ou pensés, se produit.

Cette reconnaissance des formes est encore mal comprise, mais la théorie qui présente le meilleur accord avec les expériences suppose que le cerveau compare ce qu'il voit avec ce qu'il garde en mémoire, c'est-à-dire avec ses perceptions antérieures, y compris ses propres créations, ses rêves et ce qu'il a appris par le langage. Comme la mémoire est loin d'être parfaite, le cerveau ne se souvient que de quelques traits saillants d'un arbre, par exemple, et pas de tous ses détails. Si l'on rapproche cette imperfection de la mémoire avec la décomposition des images en composantes codées, on peut supposer que l'abstraction est un processus aussi fondamental qu'ordinaire dans le fonctionnement du cerveau, le summum de l'abstraction étant sans doute atteint par le langage.

Venons-en maintenant à la conscience. Elle est encore mal comprise, pour ne pas dire plus, mais certaines expériences révèlent néanmoins quelques faits importants pour notre propos. Dans l'une de ces expériences, on soumet deux images différentes aux deux yeux d'un chat : l'œil gauche voit une abeille et l'œil droit un papillon. Un miroir placé sur le museau du chat permet de projeter simultanément ces deux images, chacune étant reçue par un seul œil. Des électrodes implantées dans le cerveau révèlent que le chat est conscient de voir (ou du moins que son attention est éveillée) : si par exemple l'œil gauche voit consciemment l'abeille, les neurones des régions du cortex associées à cet œil émettent des impulsions synchrones, alors que les signaux associés à l'œil droit sont désordonnés. Le cerveau du chat ne révèle jamais une activité conjointe des deux catégories de régions, d'où l'on conclut qu'il ne perçoit consciemment qu'une seule image. Ce résultat contraste avec la simultanéité d'autres processus, inconscients ceux-là, qui montrent que le papillon reste perçu (quoique n'étant probablement pas vu consciemment) lorsque l'attention du chat est concentrée sur l'abeille.

Une autre expérience, à laquelle tout le monde peut se livrer, consiste à regarder la Figure 4.1 représentant le squelette d'un cube. Quoi qu'on fasse, quand on la contemple, on « voit » une des deux faces verticales se présenter en avant et l'autre en arrière. L'instant d'après, on voit l'inverse sans pouvoir dire pourquoi. Une autre expérience familière se produit quand on avise un objet lointain. Est-ce un rocher, une souche d'arbre, un buisson ou un animal ? À tout instant, il semble que ce soit l'un ou l'autre ; l'impression fluctue, mais notre conscience insiste pour en fixer une. La leçon en tout cas est claire : la conscience n'admet qu'une apparence unique dans sa représentation de la réalité et cela s'étend à l'intuition.

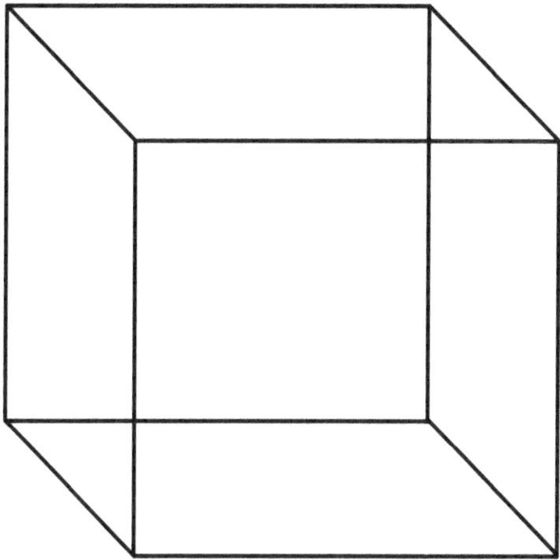

Figure 4.1 : Un squelette de cube.

Les limites de l'intuition

Il apparaît ainsi que la constitution de notre cerveau impose des contraintes très fortes à l'intuition, les mêmes qui s'exercent sur notre représentation sensorielle et visuelle, y compris les combinaisons que nous faisons de nos souvenirs quand nous imaginons. Une liste de ces contraintes pourrait se présenter ainsi :

• Nos représentations intuitives du temps et de l'espace sont indépendantes.

• L'espace est perçu comme un continu et nous ne pouvons pas imaginer plus de trois dimensions (alors qu'une ou deux dimensions sont aisément concevables par abstraction).

• Un objet se trouve à tout instant en un lieu bien défini de l'espace. Cela permet toujours de distinguer deux objets par leur position.

• La réalité est unique et les phénomènes y sont distincts. Nous ne pouvons pas *concevoir*, par exemple, qu'un phénomène se présente simultanément sous la forme d'une abeille et d'un papillon, ou que deux faces d'un cube se présentent ensemble au premier plan.

• Les phénomènes ne changent que graduellement et tout mouvement est continu.

• Dans des conditions d'éveil, un cerveau sain distingue la réalité de l'imaginaire et, jusqu'à un certain point, la réalité des apparences virtuelles (cette distinction consciente se manifeste expérimentalement par des réactions différentes des muscles et des glandes).

• D'autres expériences sur des humains et sur des animaux supérieurs révèlent une attitude expectative de la conscience devant les événements. On peut décrire cette attitude comme un comportement où le cerveau s'attend que les événements se succèdent selon des relations de cause et d'effet, ou du moins on observe que le cerveau attend que le phénomène apparaissant d'ordinaire en premier soit suivi d'un autre, d'ordinaire postérieur.

Ainsi, l'indépendance du temps et de l'espace, la localité des objets, la nécessité de les concevoir séparés, la continuité de leur mouvement, la causalité, l'unicité de la réalité, la distinction du réel et du virtuel sont autant de caractères que notre constitution biologique impose à notre représentation du monde et à notre intuition. Pendant des millénaires, tous les hommes de science et la plupart des philosophes les ont crus propres à la nature, mais depuis cent ans, toutes ces contraintes ont montré leurs limites.

Cela commença en 1900, quand Planck remit en cause la continuité des phénomènes dans l'émission du rayonnement thermique et ce fut l'origine des quanta. Puis la séparation absolue de l'espace et du temps fut mise en question par la relativité, en 1905. La découverte des lois quantiques, en 1925-1926, entraîna une véritable décomposition de la représentation du monde physique à l'échelle de l'atome. Il n'y eut plus alors de localité ni de séparabilité, plus d'unicité stricte, la causalité fut mise en faillite et des interrogations minèrent la distinction du réel et du virtuel (ou si l'on préfère, la différence entre les faits réels et les conceptions mathématiques).

C'est une chose étrange que l'on n'ait guère cherché à dépasser ces difficultés qu'en imaginant de changer la physique ou de réviser la philosophie, rarement en portant le soupçon sur les limitations de la pensée humaine. C'était dû sans doute au fait que la physique quantique révélait du même coup la puissance de cette pensée, puisqu'elle en concevait les lois en prenant appui sur les mathématiques.

Le clair-obscur du principe de superposition

Les mathématiques linéaires

Quand on s'interroge sur l'essence des lois quantiques, on constate qu'elle est associée au principe de superposition. Celui-ci se présente au premier abord comme une propriété mathématique, ce qui soulève une question subsidiaire, celle de la difficulté des mathématiques utilisées en physique quantique. On les juge souvent trop abstraites en les comparant à celles de la physique classique, présentées par contraste comme élémentaires.

En fait, la simplicité des mathématiques classiques n'est qu'une apparence, du point de vue de l'axiomatique moderne. Certes, la physique classique est conforme à notre intuition et au fonctionnement de notre cerveau, si bien que les mathématiques qui lui conviennent nous paraissent simples. On les voit, on les imagine, on en a l'intuition. Mais l'analyse axiomatique de leurs fondements a montré que ces mathématiques classiques s'appuient souvent sur des constructions difficiles, en particulier dans le cas des mathématiques non linéaires qui échappent au principe de superposition[1].

La difficulté apparente des mathématiques nécessaires à la théorie quantique se montre sous un jour très différent quand on corrige cette perspective. Les lois quantiques apparaissent presque toujours d'essence plus simple que leurs homologues classiques et cette simplicité provient avant tout du principe de superposition. Or les mathématiques les plus simples, d'un point de vue axiomatique, sont celles où l'économie de pensée et la modicité des hypothèses prévalent. Un des premiers édifices que les mathématiciens construisent ainsi est l'analyse linéaire dont les seuls matériaux sont l'addition et la multiplication, à quoi il faut ajouter quelques éléments de topologie quand on passe aux fonctions. Les formes les plus élémentaires en sont la théorie des droites et des plans en géométrie projective, en algèbre ce sont les équations du premier degré. Cette forme presque première des mathématiques est précisément celle où le principe de superposition s'applique et rien, ou presque, ne pourrait être plus simple dans les hypothèses ; c'est pourquoi on peut affirmer que la théorie quantique est intrinsèquement simple à son niveau conceptuel.

Il y a plus. Les concepts linéaires issus du principe de superposition ne sont pas seulement simples, ils sont aussi extraordinairement puissants et féconds. Il ne fait aucun doute que cette combinaison de puissance et de simplicité est à l'origine des succès étonnants de la théorie quantique, à laquelle ils ont permis de résoudre une multitude de problèmes, souvent très profonds, jusqu'aux confins du monde des particules qu'elle avait permis d'ouvrir.

Le cerveau humain et la linéarité

On peut parler en revanche d'un clair-obscur du principe de superposition quand on se tourne vers sa relation au fonctionnement de notre cerveau. La limpidité mathématique est le côté clair de la linéarité, mais l'incapacité de notre cerveau à la « voir » est son côté obscur. Les mots l'expriment mal, car leur succession est inévitablement séquentielle dans les phrases, les descriptions et les raisonnements, alors que la pensée quantique met partout en parallèle des superpositions de possibles. Une impression demeure, qui ferait du principe de superposition un grand principe philosophique, que la philosophie aurait peine à embrasser du fait de la limitation de son langage. Mais cela sort du champ de la physique.

Les lois physiques et les mathématiques

On ne saurait trop insister sur le fait que la physique quantique est parfaitement claire, d'un point de vue mathématique. Elle peut être approfondie, comme les travaux des dernières décennies l'ont montré, mais rien n'indique que ses principes soient à revoir. Ce point de vue correspond à une conception des théories physiques que l'on doit à Hilbert. Une théorie devait être avant tout selon lui une construction mathématique, spécifique en ce qu'elle était destinée à s'appliquer à un domaine de la nature, mais dont les principes constituaient autant d'axiomes. Ces axiomes ne devaient obéir à aucune règle philosophique *a priori*, comme on en a vu soulever à propos de la causalité ou de l'unicité. Les seuls critères de véracité des axiomes étaient la cohérence de la théorie obtenue et son accord avec l'expérience.

C'est bien ainsi que les règles de la théorie quantique ont été posées par Dirac et Von Neumann et, de ce point de vue, la question essentielle qui se pose à son sujet est celui de la cohérence. Ce n'est qu'après avoir tranché cette question ou rencontré des données nouvelles qu'une révision pourrait apparaître comme nécessaire. Or les travaux auxquels on vient de faire allusion et qui seront décrits dans la suite de ce livre sont tous allés dans le sens d'une confirmation de la cohérence de la théorie. L'extraordinaire accroissement du champ de la physique quantique, depuis trois quarts de siècle, n'a jamais remis les principes en question. Au contraire, ceux-ci servaient de guide à l'exploration du noyau atomique, des particules élémentaires et de leur rôle en astrophysique, ce guide s'étant toujours révélé fiable, même quand on cherchait à le prendre en défaut.

Notons cependant que cette robustesse mathématique souligne le caractère formel de la physique quantique, dont les concepts et les lois ne s'expriment et ne se comprennent vraiment, dans leur plénitude, qu'au travers des mathématiques. Cela répond au problème des limitations de l'intuition, qu'on envisageait au début de ce chapitre, mais pose aussi une vaste question, celle du rapport des mathématiques aux lois de la nature. Il sortirait cependant du champ de ce livre et ne sera pas abordé ici[2].

Finalement, on ne peut qu'être frappé par la profondeur des questions auxquelles la physique quantique conduit, que ce soit vers les limites de la philosophie, le mystère de la réalité ou la nature des mathématiques. Il semble qu'on ne puisse qu'accepter ses principes, sans attendre d'autres justifications que leurs conséquences expérimentales. Rien ne laisse supposer qu'on pourrait les dériver d'autres principes qui leur seraient supérieurs. L'essentiel de leur compréhension se ramène donc toujours à examiner leur cohérence.

Les chapitres qui suivent reviendront à la physique pour examiner la cohérence de la physique quantique et les explications qui en découlent. Le fil directeur en sera donné par les difficultés essentielles rencontrées au chapitre précédent, celle du chat de Schrödinger conduisant à l'effet de décohérence, la dualité onde-particule aux histoires de Griffiths et les relations d'incertitude – associées au problème du déterminisme – se résorbant dans une vaste transmutation des lois quantiques dans les lois classiques. Ainsi verrons-nous s'affirmer la *cohérence* de la physique, au-delà de ses difficultés apparentes.

CHAPITRE 5

La décohérence

L'effet de décohérence est un phénomène présent dans tous les systèmes macroscopiques, à de rares exceptions près. Ses conséquences se font sentir depuis de très petites échelles jusqu'aux plus grandes et sont directement accessibles à nos sens ou aux appareils de laboratoire. Il est extraordinairement rapide et son efficacité a longtemps empêché de le découvrir car ces mêmes appareils, auxquels on aurait dû recourir pour le surprendre en action, subissaient eux-mêmes l'effet qu'ils auraient pu révéler. Cette absence de manifestation directe a longtemps retardé sa reconnaisance et la prédiction de ses propriétés[1], la première confirmation expérimentale étant quant à elle assez récente[2].

La décohérence est une conséquence directe des principes fondamentaux de la théorie quantique, bien que sa manifestation la plus importante soit la suppression des interférences quantiques macroscopiques, c'est-à-dire la disparition du paradoxe du chat de Schrödinger. Du même coup, les manifestations du principe de superposition disparaissent à l'échelle macroscopique, ce qui renouvelle profondément la compréhension de toute la physique.

L'idée de la décohérence

On a signalé comment Von Neumann avait découvert qu'une superposition quantique s'amplifiait en passant d'un système microscopique à tout un appareillage macroscopique lors d'une mesure, puis comment Schrödinger avait illustré la situation par l'exemple mémorable d'un chat. Tous deux, cependant, se contentaient de décrire un objet macroscopique (un curseur ou un chat) par un seul degré de liberté. Von Neumann réduisait l'appareil de mesure à un curseur abstrait se déplaçant le long d'une règle et le chat de Schrödinger était ramené à une observable unique n'offrant que deux valeurs, « mort » et « vivant ». On croyait en effet que la linéarité était une propriété tellement fondamentale que ses manifestations restaient les mêmes, quels que fussent le nombre et le type des variables en jeu.

Il est très important de comprendre pourquoi cette hypothèse apparemment vraisemblable était néanmoins erronée, ce que nous allons essayer de faire à partir d'exemples simples.

Un premier exemple : une plaque mince dans un aquarium

Considérons une expérience imaginaire. Un récipient rempli d'eau est isolé du monde extérieur et une plaque rectangulaire mince et rigide, pouvant tourner autour d'un axe, plongée dans l'eau (Figure 5.1). La position de la plaque est repérée par l'abscisse x d'un point de son extrémité. On remarquera l'analogie de la plaque avec le premier modèle de Von Neumann, décrit dans les notes au chapitre 3. Dans ce modèle historique, le résultat de la mesure était indiqué par le déplacement d'un curseur sur une règle.

L'idée nouvelle et qui va faire la différence, c'est qu'on ne décrit plus un curseur désincarné par une variable unique x, mais qu'on prend en compte la présence de l'eau environnant la plaque. On désigne collectivement par y la totalité des variables de position de toutes les molécules d'eau, c'est-à-dire plus ou moins 10^{27} variables.

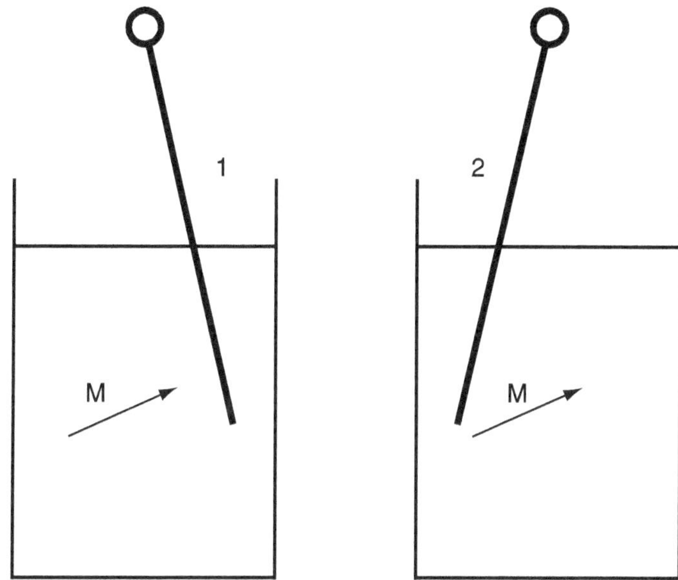

Figure 5.1 : Une plaque suspendue dans l'eau

On admettra que l'état de l'ensemble du système est représenté par une fonction d'onde qu'on écrira $\psi(x, y)$.

On est alors conduit à considérer deux fonctions d'onde différentes, $\psi_1(x, y)$ et $\psi_2(x, y)$, représentant les deux états possibles de la plaque, agissant comme un curseur pour indiquer deux valeurs propres distinctes d'une quantité mesurée. La première fonction d'onde est concentrée (c'est-à-dire différente de zéro) dans un intervalle étroit de valeurs de x dont le centre, d'abscisse x_1, marque un résultat de mesure. La seconde fonction d'onde est concentrée de la même façon autour d'une valeur x_2, nettement distincte de x_1, et marque un autre résultat de mesure. On admettra que ces deux fonctions sont identiques, hormis le déplacement de leurs centres. En particulier, leur dépendance en y est la même.

Quand il n'y avait qu'un seul degré de liberté, une superposition des deux états mesurés donnait lieu à une superposition des fonctions d'onde du curseur, par exemple $\psi_1(x) + \psi_2(x)$. On admettra que cela reste vrai dans le cas présent et, plus précisément, qu'à un instant 0, immédiatement postérieur à la mesure, l'état de la plaque est décrit par la fonction d'onde $\psi_1(x, y ; 0) + \psi_2(x, y ; 0)$.

Comment cette présence de l'eau peut-elle entraîner la disparition des effets de superposition, c'est ce qu'on va montrer en portant l'attention sur les conséquences quantiques d'un choc de la plaque avec une molécule d'eau.

Dans le chapitre 3, on avait trouvé commode de souligner les superpositions de cette espèce en recourant à une « lame de réanimation » qui échangeait essentiellement les états quantiques : $\psi_1(x) \Leftrightarrow \psi_2(x)$. Rien n'empêche d'étendre ce procédé au cas présent en introduisant une transformation unitaire S (du type 3.7) produisant un échange $\psi_1(x, y ; 0) \Leftrightarrow \psi_2(x, y ; 0)$, puisqu'il ne s'agit que d'une opération mathématique formelle. La lame de réanimation fonctionnerait en principe comme un révélateur des superpositions et l'échange ne porterait que sur les variables x sans rien changer aux variables y.

On suppose $x_1 > x_2$, de sorte que la position 1 de la plaque est à droite de la position 2. Supposons-la dans la position 1 et considérons une molécule d'eau désignée par M et située à peu de distance sur la gauche de la plaque, animée d'une impulsion p qui la dirige vers la plaque. Quand la collision se produit, la molécule repart avec une impulsion p' différente de p, c'est-à-dire dans un état quantique orthogonal à son état initial. Si l'on repart de la même situation initiale et qu'on fait agir d'abord la lame de réanimation, celle-ci ne modifie pas l'état de l'eau tout en amenant mathématiquement la plaque de la position 1 à la position 2. Après cela, la molécule M qui était à gauche de la plaque lorsque celle-ci était en position 1 se retrouve à droite de la position 2 avec une impulsion p qui l'en éloigne. Il n'y a donc pas de collision et M conserve son impulsion. Or les états quantiques d'impulsions p et p' sont orthogonaux, ce qui entraîne qu'à un instant t suivant la collision précédente on a $(\psi_2(x, y ; t), S\psi_1(x, y ; t)) = 0$, puisque M a l'impulsion p' au temps t dans la fonction d'onde ψ_1 et l'impulsion p dans la fonction d'onde ψ_2. En d'autres termes, l'action de la lame de réanimation, qui était censée révéler la présence d'une superposition, ne montre plus rien. Cet argument est évidemment assez grossier car, quand on affirme que la position de la molécule est à la gauche de la plaque avec une impulsion donnée, on fait bon marché des relations d'incertitude.

On retiendra surtout de cet exemple la suggestion suivante : se pourrait-il que les interférences macroscopiques ne durent guère plus longtemps que le temps qui sépare deux collisions successives de la plaque avec les molécules qui l'environnent ?

L'exemple d'une aiguille de voltmètre

Considérons un autre exemple. Il s'agit cette fois d'une aiguille métallique qui tourne dans un plan vetical autour d'un axe horizontal. Il peut s'agir de l'aiguille d'un voltmètre qui intervient dans une expérience de mesure. L'aiguille part d'une position initiale 0 pour atteindre éventuellement deux positions distinctes, 1 et 2, selon la valeur propre d'une observable mesurée sur un atome. Cette expérience de mesure est à nouveau analogue au modèle de Von Neumann et à celui de la plaque précédente, hormis une modification importante : on ne s'intéresse plus maintenant à l'effet d'un environnement externe, mais à la substance même de l'aiguille, décrite par les degrés de liberté associés aux atomes et aux électrons du métal de l'aiguille et de l'axe. La description mathématique reste cependant la même, deux fonctions d'onde distinctes, notées $\psi_1(x, y)$ et $\psi_2(x, y)$ représentant les positions possibles de l'aiguille. La variable x représente sa position sur un cadran et la multivariable y décrit toutes les particules atomiques qui la composent.

L'essentiel de la discussion va porter maintenant sur la dépendance en y de ces fonctions d'onde. Pour cela, il faut prendre de la distance vis-à-vis des cours de physique où l'on s'appuie volontiers sur des exemples plus ou moins idéaux, ne mettant en jeu que des fonctions d'onde simples et maniables. En fait, rien n'est moins vrai dans la réalité, si un état d'une aiguille de voltmètre est donné par une fonction d'onde $\psi_1(x, y)$, celle-ci est d'une grande complexité. C'est le cas en particulier pour sa phase : il suffit de changer de peu la valeur d'une seule des myriades de coordonnées représentées par

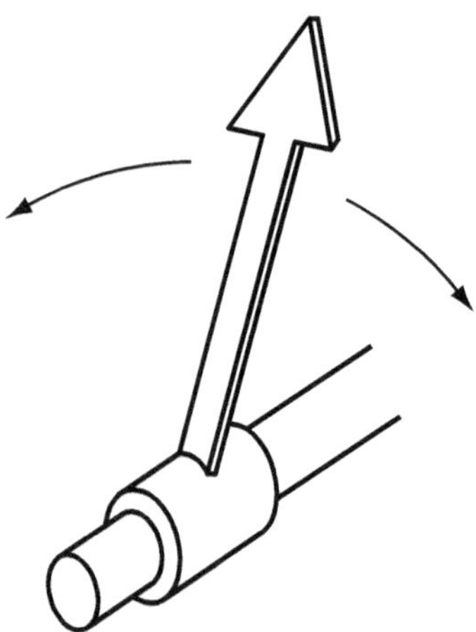

Figure 5.2 : Une aiguille de voltmètre

y pour que la phase de la fonction d'onde change notablement. La phase d'une fonction d'onde de 10^{27} variables est d'une complexité inimaginable.

Si l'on admet ce fait, on peut imaginer ce qui se passe quand l'aiguille part d'une position initiale avec une fonction d'onde $\psi_0(x, y \, ; 0)$ et se déplace vers la droite (ou la gauche) pour se retrouver après un certain temps avec une nouvelle fonction d'onde $\psi_1(x, y \, ; t)$ ou $\psi_2(x, y \, ; t)$ selon le résultat de la mesure. Les deux fonctions d'onde $\psi_1(x, y \, ; t)$ et $\psi_2(x, y \, ; t)$ sont nettement différentes. En effet, l'aiguille frotte sur son axe pendant son mouvement et ce frottement est un véritable cataclysme au niveau des atomes. Les changements de phase n'ont rien de commun dans les deux cas. Les conséquences du frottement sur les phases à l'emplacement de la plupart des atomes sont très différentes selon que l'aiguille tourne vers la gauche ou vers la droite et l'ensemble de tous les atomes le marque bien plus fortement qu'aucun d'eux.

Il semble très difficile d'envisager une lame de réanimation dans ce cas, ni une quelconque opération physique concrète qui raccorderait les phases de $\psi_1(x, y \, ; t)$ et $\psi_2(x, y \, ; t)$. C'est même impossible à réaliser par le calcul, à moins de connaître exactement les fonctions d'onde, ce qui dépasse de loin la puissance des ordinateurs.

Que peut-on attendre de la décohérence ?

Ces réflexions préliminaires autour de quelques modèles suggèrent plusieurs possibilités dignes d'intérêt.

• Il existerait un effet dont les manifestations macroscopiques seraient considérables.

• Cet effet serait associé à un grand nombre de degrés de liberté.

• Son origine se situerait cependant à une échelle microscopique, directement dans la matière d'un objet ou dans son environnement externe.

• D'un point de vue mathématique, il se traduirait par des variations incontrôlables dans la phase de la fonction d'onde, à cause de la sensibilité de sa dépendance dans les degrés de liberté de la matière et de l'environnement. La cohérence de phase entre des fonctions d'onde $\psi_1(x, y\,;\,t)$ et $\psi_2(x, y\,;\,t)$, comme celle qu'on imaginait présente à l'instant zéro, serait très vite perdue. C'est pour cette raison que l'effet a reçu le nom de *décohérence*.

• Il serait extrêmement rapide, son temps caractéristique étant d'ordre microscopique, comme celui qui sépare deux chocs d'une plaque avec des molécules d'eau ou deux déplacements successifs des atomes sur l'axe d'une aiguille.

• L'effet supprimerait les interférences quantiques à l'échelle macroscopique, ainsi que toutes les autres manifestations du principe de superposition à cette échelle.

Que peut-on contrôler et que doit-on ignorer ?

Il est clair que la position d'une plaque métallique est directement observable, alors que l'état d'une molécule d'eau perdue parmi les autres ne l'est pas, pas davantage que l'état de mouvement d'un atome au voisinage de l'axe d'une aiguille. Mais comment décider en général de ce qui est accessible dans une configuration expérimentale donnée et de ce qui demeure inaccessible ? La question est à la fois délicate et préliminaire, aussi la considérera-t-on en premier.

On peut aussi la formuler comme une distinction entre des observations concevables, que la pensée peut imaginer en les représentant mathématiquement, et des observations réalisables effectivement. Von Neumann avait rejeté cette question quand il étudiait la correspondance mathématique entre les lois quantiques et les espaces d'Hilbert. En digne disciple de celui-ci, il prenait soin d'énoncer toutes ses hypothèses et admettait explicitement que toute observable était mesurable, c'est-à-dire en principe expérimentalement accessible.

Cet axiome était loin d'être évident, en le commentant Wigner faisait remarquer que l'opérateur *PXP* est une observable, mais qu'il paraît impossible d'imaginer un appareil réaliste qui la mesurerait. En fait, les mesures que Von Neumann envisageait ne résultaient pas de l'action d'un appareillage constitué de matière, elles se réduisaient à un hamiltonien de couplage entre deux systèmes, l'un étant dit « mesuré » et l'autre « mesurant ». À vrai dire, la question semblait assez académique avant que la décohérence ne la porte sur le devant de la scène.

Pour mieux situer le problème, on commencera par préciser certains termes. Ainsi, une expérience sera dite « concevable » quand il s'agit d'une expérience de pensée que la théorie peut concevoir et dont l'existence est entendue au sens qu'on donne à ce mot en mathématiques. La notion d'expérience réelle peut être considérée comme évidente, mais celle d'expérience réalisable est intermédiaire entre les deux. Il s'agit d'une expérience concevable, qui pourrait être en outre réalisée, c'est-à-dire envisagée comme un projet d'expérience. En d'autres termes, cela suppose que l'appareillage nécessaire soit réalisable, c'est-à-dire au minimum compatible avec la constitution de la matière et les lois de la physique. On parlera d'expérience « purement conceptuelle » si celle-ci est concevable et irréalisable dans le sens qu'on vient de donner.

Un modèle d'expérience purement conceptuelle

Commençons par une étude théorique en considérant un système physique isolé S dont la fonction d'onde initiale $\psi(x, y\,;0)$ est parfaitement connue. C'est un état de superposition, de sorte que les principes quantiques assurent qu'à tout instant ultérieur t, on doit avoir

$$\psi(x, y; t) = \frac{1}{2}[\psi_1(x, y; t) + \psi_2(x, y; t)], \qquad (5.1)$$

On s'intéresse à des temps où les deux fonctions du second membre ont subi une décohérence qui rend leurs phases très différentes. On suppose, comme plus haut, que ces deux fonctions sont localisées respectivement autour de valeurs $x = x_1$ et $x = x_2$, connues *a priori*.

Le but du modèle qu'on va construire est de montrer que l'existence de la superposition (5.1) n'est plus vérifiable, *expérimentalement*, après l'action de la décohérence. Il faut prendre garde, cependant, aux possibilités des expériences quand on essaie d'établir des limites de principe. Pour établir une conclusion de ce genre, on ne doit tenir compte que de contraintes intemporelles, toujours valables en toutes circonstances, comme la finitude de l'univers visible, la structure atomique de la matière et surtout les lois quantiques, puisque ce sont leurs conséquences qu'on veut circonscrire. Pour que la thèse soit assez convaincante, il faut en outre choisir des hypothèses qui soient les plus favorables à la thèse opposée, selon laquelle une superposition quantique aurait toujours des conséquences vérifiables par l'expérience.

C'est pour cette raison qu'on suppose connu de manière très précise l'hamiltonien du système S. On peut alors calculer en principe la fonction $\psi(x, y ; t)$ à partir de la donnée de $\psi_0(x, y ; 0)$. On choisit la manière de réaliser l'expérience qui soit la plus favorable à la thèse adverse en supposant qu'on dispose d'un certain appareil A capable de produire un système S' identique à S à un instant t_0 choisi à l'avance. L'état de S' est donné par la fonction d'onde $\psi(x, y ; t_0)$ de S, déjà calculée. La préparation de S' est réalisée directement à partir de ces données du calcul et non par l'effet d'une évolution dynamique comme celle qui fait passer le système S de l'état $\psi_0(x, y ; 0)$ à l'état $\psi(x, y ; t_0)$. Une expérience d'interférence entre les systèmes S et S' devrait alors permettre de révéler l'exactitude des prévisions théoriques, c'est-à-dire la superposition.

Pour ne pas faire obstacle à la thèse adverse, on s'abstiendra de préciser la réalisation concrète des interférences en question. Pour les analyser cependant, il sera commode de désigner par des notations différentes la fonction d'onde dynamique $\psi(x, y\,;\,t_0)$ de S et sa valeur calculée $\varphi(x, y)$. La fonction $\varphi(x, y)$ constitue l'input de l'appareil A qui doit préparer le système S' à l'instant t_0 avec cette fonction d'onde.

Toujours pour les mêmes raisons, on laisse de côté la préparation effective de S', en demandant seulement que l'appareil A fournisse comme output un signal physique qui représente correctement la fonction $\varphi(x, y)$ et soit concrétisé par des atomes. Cette réalisation constitue en principe la forme minimale du critère de réalisabilité expérimentale et le nombre des atomes nécessaires va servir de critère pour décider de la possibilité ou de l'impossibilité de l'expérience[3].

L'analyse passe à partir de là par des considérations mathématiques et des calculs donnés dans les notes[4]. La conclusion est une estimation minimale du nombre de porteurs d'information (d'atomes) qui permettraient de révéler la superposition.

Si l'on désigne par N le nombre de degrés de liberté internes du système qui subit la décohérence, on constate que le nombre d'atomes de l'appareillage expérimental qui établirait la persistance des superpositions est au minimum égal à $2^{\,3N/2}$. Pour donner une signification à ce nombre, on peut le comparer au nombre total des nucléons dans l'univers visible, c'est-à-dire environ 10^{81}. On constate qu'à moins d'une remise en cause majeure des hypothèses prudentes que nous avons faites, aucune expérience réalisable, même si elle utilisait toute la matière présente dans l'univers, ne pourrait établir la persistance des superpositions quantiques après une décohérence complète, à partir du moment où le nombre de degrés de liberté du système S dépasse une certaine valeur N_0, qu'on peut estimer à $\frac{2}{3}\log_2(10^{81})$, c'est-à-dire 179.

La signification du résultat

Le modèle qu'on vient de décrire est trop grossier pour qu'on le prenne au pied de la lettre. Il est clair, par exemple, qu'on aurait pu prendre pour référence le nombre des atomes de la Terre ou celui de l'appareillage d'un très grand laboratoire, au lieu de celui des nucléons de l'univers, ; cela n'aurait pas beaucoup changé le résultat, compte tenu de la lenteur de variation des logarithmes. Il ne faudrait pas confondre non plus le nombre N de degrés de liberté qui participent à la décohérence avec le nombre total des degrés de liberté du système S (c'est-à-dire approximativement trois fois le nombre de ses électrons et de ses noyaux). En effet, beaucoup de ces degrés de liberté internes sont gelés dans la fonction d'onde et ne perdent rien de leur cohérence, comme c'est le cas par exemple pour tous ceux d'un cristal ou d'un microcristal dans une partie solide de l'appareillage.

Un outil nécessaire : la matrice densité

Si la plupart des degrés de liberté d'un système macroscopique sont inaccessibles à l'observation, la fonction d'onde devient un concept plus mathématique que réellement physique. Il semble alors rationnel de décrire ce qui est expérimentalement accessible en abandonnant l'inaccessible. On pourrait songer à classer les degrés de liberté d'un système en accessibles et inaccessibles, en désignant collectivement les premiers par x et les seconds par y. En fait, comme cette distinction intervient surtout dans le cas d'une expérience réelle ou réalisable, on distinguera seulement les degrés de liberté selon que le dispositif expérimental utilisé apporte ou non des informations sur eux.

La matrice densité

On va introduire à présent le formalisme mathématique nécessaire. On prendra le cas d'école où il n'y a qu'un seul degré de liberté accessible, désigné par x, et un nombre arbitraire mais grand de degrés de liberté y inaccessibles ou volontairement ignorés pour quelque raison que ce soit. On supposera pour simplifier que l'observable X associée à x n'a que des valeurs propres discrètes x_j. On peut alors décrire formellement le système en écrivant les fonctions d'onde sous la forme $\psi(x_j, y)$. On dira qu'une observable A est « pertinente » (c'est-à-dire pertinente à la description de l'expérience) quand elle agit seulement sur la dépendance en x des fonctions d'onde et laisse inchangée leur dépendance en y ; dans le cas de valeurs discrètes de x, elle est représentée par une matrice a_{jk}.

Les éléments de matrice d'une observable pertinente A entre deux états de fonctions d'onde $\phi(x_j, y)$ et $\psi(x_j, y)$ sont donnés par :

$$(\psi, A\phi) = \sum_{j,k} \int \psi^*(x_j, y) a_{jk} \phi(x_k, y) dy. \qquad (5.2)$$

En particulier, la valeur moyenne d'une observable pertinente dans un état de fonction d'onde ψ est donnée par :

$$< A > = (\psi, A\psi) = \sum_{j,k} \int \psi^*(x_j, y) a_{jk} \psi(x_k, y) dy. \qquad (5.3)$$

Si on définit alors une *matrice densité* ρ par ses éléments de matrice :

$$\rho_{kj} = \int \psi^*(x_j, y) \psi(x_k, y) dy \qquad (5.4)$$

la formule (5.3) et la définition de la trace (donner dans l'Appendice mathématique fournissent la formule importante) :

$$\langle A \rangle = \sum_{j,k} a_{jk} \rho_{kj} = Tr(A\rho). \qquad (5.5)$$

Propriétés de la matrice densité

Il est facile d'étendre le concept de matrice densité aux cas de plusieurs variables pertinentes quand celles-ci prennent des valeurs continues. Dans tous les cas, on a les propriétés générales suivantes, dont la preuve est donnée dans les notes[5] :

1. La matrice densité est un opérateur hermitien ; autrement dit, quels que soient les vecteurs u et v de l'espace d'Hilbert associé aux variables x, on a :

$$(u, \rho v) = (v, \rho u)^* \qquad (5.6)$$

2. C'est un opérateur positif, autrement dit :
$$(u, \rho\, u) \geq 0. \qquad (5.7)$$
3. La trace de ρ est égale à 1 :
$$\mathrm{Tr}\,\rho = 1. \qquad (5.8)$$

La valeur moyenne d'une observable pertinente A est toujours donnée par la trace finale de l'équation (5.5).

L'état d'un système

Nous étions restés jusqu'ici dans le vague en définissant l'état d'un système physique, en l'assimilant plus ou moins à la donnée d'une fonction d'onde. Les questions qu'on aborde à présent exigent qu'on soit plus précis et l'on définira l'état comme une donnée permettant de calculer toutes les propriétés d'un système, c'est-à-dire les probabilités associées aux valeurs propres de n'importe quelle observable. Si cette observable est effectivement mesurable, la donnée de l'état du système permet de prédire la statistique des résultats de sa mesure. Ainsi peut-on dire que l'état contient toute l'information concernant un système et une question importante posée à la théorie est de lui donner sa forme la plus générale.

Considérons pour cela le cas d'un atome isolé sur lequel on opère une mesure. D'ordinaire, dans un laboratoire, cet atome est isolé du monde extérieur pendant un certain temps pour être étudié, mais son isolement est temporaire. Il a été auparavant dans le monde extérieur où il interagissait avec d'autres atomes, il a été créé voilà longtemps, parfois depuis des milliards d'années, il a donc ressenti l'existence d'une multitude de degrés de liberté, d'une multitude de variables y du monde extérieur. À supposer qu'il ait partagé avec elles une grande fonction d'onde, celle-ci continue d'évoluer selon une grande équation de Schrödinger, même pendant la période d'isolement de l'atome.

On ne peut pas supposer, dans ces conditions, que l'état de l'atome soit décrit par une fonction d'onde qui lui appartienne en propre, car le principe de superposition ne le permettrait pas en général[6]. En revanche, le contexte extérieur importe peu pour un système isolé et on peut éliminer les quantités y qui le décrivent comme si elles étaient inaccessibles. Or c'est précisément ce qu'on vient de faire en introduisant la matrice densité : on peut donc dire que, si l'état du système isolé et de ce qui l'entoure est décrit par une fonction d'onde, l'état du système isolé lui-même est décrit par une matrice densité. Mais il est clair que l'hypothèse de l'existence d'une fonction d'onde pour un laboratoire est encore moins vraisemblable que pour un atome isolé. En laissant de côté l'hypothèse métaphysique d'une fonction d'onde de l'univers, on constate que, de manière générale, l'état d'un système physique est décrit par une matrice densité.

États purs et mélanges

Ainsi, l'état d'un système n'est qu'exceptionnellement décrit par une fonction d'onde, mais il peut toujours l'être par une matrice densité. On peut alors se demander pourquoi les physiciens continuent à se référer fréquemment aux fonctions d'onde, sans vraiment prêter attention au fait que c'est rarement correct. En fait, c'est simplement pour des raisons de commodité, parce qu'il est plus simple de raisonner sur le cas d'une fonction d'onde et que les résultats établis ainsi s'étendent presque toujours sans calcul au cas général où l'état est décrit par une matrice densité.

Voici pourquoi. L'hermiticité de la matrice densité entraîne qu'elle a des valeurs propres réelles, désignées par p_j, et des vecteurs propres u_j formant une base orthonormée. La propriété (5.7) entraîne que les quantités p_j sont positives ou nulles et l'égalité (5.8) implique que leur somme soit égale à 1. On peut donc les interpréter comme des probabilités, en imaginant pour les besoins de la cause que les différents vecteurs propres u_j aient été tirés au hasard avec les probabilités p_j. Cette façon de voir n'a d'ordinaire aucun contenu physique, mais elle est très commode pour passer d'une prédiction due aux fonctions d'onde au cas général d'une matrice densité.

En somme, l'existence d'une fonction d'onde apparaît comme un cas très particulier. On dit en effet que le système est « dans un état pur » quand une des valeurs propres de ρ, par exemple p_1, est égale à 1. Toutes les autres valeurs propres deviennent nulles et *tout se passe comme si* le vecteur d'état u_1 avait été produit avec certitude lors d'un tirage au sort. L'état est alors convenablement décrit par une fonction d'onde unique quand il s'agit d'un état pur. Sinon, on dit qu'il s'agit d'un état de mélange, l'origine de ce terme étant due à des raisons historiques dans lesquelles il n'est pas nécessaire d'entrer.

L'énoncé du problème de la décohérence

Revenons maintenant à la théorie de la décohérence. Fondamentalement, elle est liée à la distinction entre les propriétés accessibles et non accessibles d'un système physique. Néanmoins, on n'a pas de critère maniable pour faire ce genre de distinction, et mieux vaut passer directement à la pratique. Il suffit pour cela de partir de variables qui se montrent accessibles de façon évidente, empirique, comme l'extrémité de la plaque dans l'aquarium ou l'orientation de l'aiguille du voltmètre dans mes exemples. Il en existe certainement d'autres quand on regarde de plus près. L'aiguille, par exemple, peut vibrer ou subir des déformations élastiques. Un microscope électronique révélerait beaucoup d'autres caractères cachés dans l'aiguille, mais il n'est pas nécessaire d'en tenir compte quand on ne s'intéresse vraiment qu'à une seule variable pertinente, son orientation sur un cadran indiquant un résultat de mesure. Les vibrations et autres finesses ne sont pas pertinentes pour ce problème et l'on se contente de les éliminer comme si elles étaient inaccessibles.

L'énoncé du problème de la décohérence

La théorie de la décohérence se présente dans ses grands traits de la manière suivante. Toutes les variables sans restriction, pertinentes ou non, sont prises en compte par la théorie, l'état du système étant décrit par une matrice densité totale ρ. Si l'on désigne par H l'hamiltonien total du système, le passage précédent des fonctions d'onde à la matrice densité permet de remplacer l'équation de Schrödinger par une équation d'évolution valable pour ρ, établie dans les notes et donnée par[7]

$$\frac{d\rho}{dt} = \frac{1}{i\hbar}[H, \rho]. \qquad (5.9)$$

On sélectionne des observables X pertinentes commutant entre elles et dont les valeurs propres sont désignées par x, les variables non pertinentes ou inaccessibles étant désignées collectivement par y. Dans le cas de l'aiguille, par exemple, il y a une seule variable pertinente.

D'un point de vue théorique, il est commode d'interpréter les deux types de variables y et x comme décrivant deux systèmes physiques abstraits. Le premier de ces systèmes est appelé *l'environnement*. Ses fonctions d'onde représentatives, qu'on peut désigner par $\eta(y)$, sont des fonctions des très nombreuses variables inaccessibles ou non pertinentes y. L'autre système n'a pas de nom universellement reçu et nous l'appellerons le *système pertinent*. Ses fonctions d'onde représentatives ne dépendent que des variables pertinentes et s'écrivent par exemple sous la forme $\xi(x)$. Le système total est composé de l'ensemble des deux ; c'est le système physique réel dont les fonctions d'onde représentatives sont de la forme $\psi(x, y)$.

Dans tous les cas où la décohérence a été étudiée jusqu'ici, on supposait que l'hamiltonien total H (agissant sur des fonctions d'onde $\psi(x, y)$) pouvait s'écrire sous la forme :

$$H = H_{\mathrm{p}} + H_{\mathrm{e}} + H_{c}, \qquad (5.10)$$

où H_{p}, l'hamiltonien pertinent, n'agit que sur les variables x figurant dans $\psi(x, y)$; H_{e}, l'hamiltonien de l'environnement, n'agit que sur les variables y et H_{c}, l'hamiltonien de couplage, agit sur les deux types de variables.

Un exemple illustratif, proche de celui de la plaque dans l'aquarium, consiste à remplacer la plaque par un pendule comme dans la Figure 5.3. La variable x est alors l'élongation du mouvement du pendule. L'hamiltonien pertinent serait *a priori* la somme de son énergie cinétique et de l'énergie potentielle de pesanteur, comme dans le cas d'un pendule placé dans le vide, mais cela aurait l'inconvénient de rendre le couplage H_c trop important. L'interaction moyenne entre le pendule et l'eau entraîne en effet la poussée d'Archimède et on préfère inclure celle-ci dans H_p, sous forme d'un potentiel qui en rende compte. Dans ce cas, le couplage H_c ne fait plus intervenir que des fluctuations directement dues au choc des molécules d'eau et il est assez faible pour que la théorie puisse le traiter par le calcul (en utilisant le calcul de perturbations au second ordre).

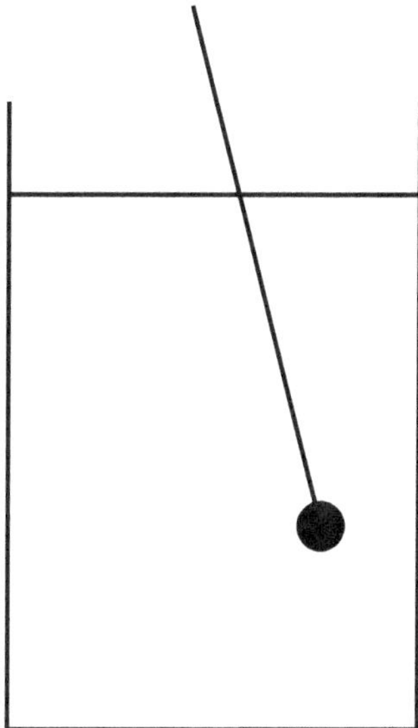

Figure 5.3 : Un pendule dans un aquarium

Reste enfin l'environnement, c'est-à-dire l'eau, dont l'hamiltonien est très riche puisqu'il décrit à la fois le mouvement thermique des molécules et l'hydrodynamique des mouvements du fluide qu'elles forment. La théorie ne peut évidemment pas se proposer l'analyse de finesses purement quantiques et couvrir en même temps ce niveau de complexité macroscopique, aussi se limite-t-elle en pratique à un fluide immobile et très proche de l'équilibre thermique.

Le système total est décrit par une matrice densité ρ dont l'évolution est contrôlée par l'équation (5.9). Mais on a vu que, d'un point de vue formel, on pouvait introduire les fonctions propres $\psi_j(x, y)$ et les valeurs propres p_j de ρ pour considérer cet état comme un mélange aléatoire d'états purs ayant les fonctions d'onde orthogonales $\psi_j(x, y)$, avec des probabilités p_j. Pour chacune de ces fonctions d'onde, on peut construire une matrice densité pertinente ρ_j, donnée par une formule analogue à (5.6) ou, plus précisément :

$$\rho_j(x, x') = \int \psi_j(x, y)\psi_j{}^*(x', y)dy.$$

On définit alors une *matrice densité réduite* ρ_r, comme si les ρ_j avaient été tirés au sort avec des probabilités p_j, soit $\rho_r = \sum_j p_j \rho_j$.

Cette quantité, qui va jouer un rôle central, est directement reliée à la matrice densité totale ρ par la formule

$$\rho_r(x, x') = \int \rho(x, y; x', y)dy. \qquad (5.11)$$

En fin de compte, la matrice densité réduite décrit ce qu'on pourrait appeler « l'état pertinent du système », c'est-à-dire celui de la plaque, du pendule ou de l'aiguille de voltmètre dans les exemples que nous avons rencontrés. En somme, c'est ce qui nous intéresse vraiment, puisque directement pertinent pour les phénomènes qu'on examine.

Remarquons que tout est connu en principe dans cette formulation du problème : l'évolution de la matrice densité totale l'est grâce à la formule (5.9) et l'évolution de l'état du système pertinent l'est alors par la formule (5.11). Le but de la théorie de la décohérence est dès lors d'obtenir une expression suffisamment simple de l'évolution de ρ_r, d'où l'on pourra déduire l'existence d'un effet de décohérence. L'existence de celle-ci est donc un problème bien posé et *son étude ne fait appel qu'aux principes fondamentaux de la théorie quantique.*

Un modèle instructif

L'énoncé du problème de la décohérence, ainsi posé essentiellement par Zeh, était bien clair, mais sa résolution apparaissait difficile. Les études théoriques commencèrent par l'investigation de modèles simples, l'un des plus intéressants pour comprendre le phénomène étant celui qui fut proposé en 1985 par Joos et Zeh[8].

On considère un objet macroscopique, que nous supposerons sphérique pour simplifier, en désignant la position de son centre par x et son rayon par R. C'est une boule. Elle est préparée initialement dans un état de superposition de deux fonctions d'onde $\phi_1(x)$ et $\phi_2(x)$, centrées respectivement en des points x_1 et x_2 qu'on suppose distants et bien définis (les indéterminations Δx_1 et Δx_2 étant petites). La boule est plongée dans une atmosphère gazeuse dont les constituants peuvent être indifféremment des atomes, des molécules ou des photons, l'environnement étant évidemment dans ce dernier cas la lumière ambiante. On désignera par N le nombre de particules atmosphériques par unité de volume, par v leur vitesse moyenne (égale à c dans le cas des photons) et par k leur nombre d'onde moyen. Dans le cas des photons, le nombre d'onde est relié à la longueur d'onde par $k = 2\pi/\lambda$; dans le cas d'atomes ou de molécules, il est relié à l'impulsion moyenne p par $k = p/\hbar$.

Les particules atmosphériques heurtent la boule et l'on suppose que ces collisions sont élastiques. Dans le cas des photons, cela signifie qu'il n'y a pas d'absorption de la lumière, c'est-à-dire que la boule est parfaitement réfléchissante. L'impulsion des particules ne change pas de grandeur dans la collision, car leur masse est très inférieure à celle de la boule.

Le modèle exploite alors l'idée que la décohérence est due à une accumulation de changements de phase dans la fonction d'onde de l'environnement. Dans le cas présent, on peut supposer que les particules sont indépendantes, les fonctions d'onde intervenant dans l'état du gaz étant des produits de fonctions d'onde associées à chaque particule. Quand une particule de position y_j, de fonction d'onde $\exp(ip_j.y_j/\hbar)$ entre en collision avec la boule et repart avec une impulsion p'_j, la mécanique quantique montre que sa fonction d'onde subit aussi un changement de phase et devient $\exp(ip'_j.y_j/\hbar + i\delta_j + i\alpha_j)$, le déphasage de collision δ_j étant dû à l'interaction entre la particule et la boule et dépendant des impulsions p_j et p'_j. Le déphasage α_j assure en revanche la cohérence de phase entre les deux fonctions d'onde quand le déphasage de collision δ_j est absent. C'est une quantité purement géométrique dont on peut montrer qu'elle est égale à $(k'_j - k_j).x$.

Comme les particules viennent de toutes les directions et que la grandeur de leur impulsion est conservée, on peut admettre que le produit de toutes les fonctions d'onde des particules ne change pas par l'effet des collisions, hormis l'addition d'une quantité $\delta_j + \alpha_j$ à la phase de ce produit chaque fois qu'une collision a lieu. Nous ne pousserons pas le calcul plus loin, bien qu'il ne soit pas d'une grande difficulté, car la théorie quantique des collisions est rarement étudiée avant les troisièmes cycles universitaires et nous ne pouvons la supposer connue[9]. Il est facile en revanche d'en indiquer les résultats.

La suppression des superpositions macroscopiques

À l'instant initial, la boule est dans un état pur de fonction d'onde $c_1 \phi_1 + c_2 \phi_2$. Les hypothèses précédentes sur les fonctions ϕ_1 et ϕ_2 impliquent qu'elles soient orthogonales, à cause de leur étroitesse et de la grandeur de la distance $x_1 - x_2$ entre leurs centres. On peut choisir une base orthonormée dans l'espace d'Hilbert de la boule à laquelle ces fonctions ϕ_1 et ϕ_2 appartiennent et la matrice densité réduite se présente alors comme une matrice à deux lignes et deux colonnes, donnée par :

$$\rho_r = \begin{pmatrix} |c_1|^2 & c_1 c_2{}^* \\ c_1{}^* c_2 & |c_2|^2 \end{pmatrix}. \qquad (5.12)$$

Le calcul de l'effet de décohérence dû aux déphasages introduits par les collisions dans les fonctions de l'environnement se traduit, dans la même base par

$$\rho_r = \begin{pmatrix} |c_1|^2 & e^{-\alpha t} c_1 c_2{}^* \\ e^{-\alpha t} c_1{}^* c_2 & |c_2|^2 \end{pmatrix}, \qquad (5.13)$$

où le coefficient α est donné, à un facteur numérique près, par

$$\alpha = \left| x_1 - x_2 \right|^2 p^2 R^2 N v / \hbar^2. \qquad (5.14)$$

Pour des valeurs de la distance $x_1 - x_2$ supérieures à la longueur d'onde λ, ce coefficient se sature à la valeur constante :

$$\alpha = N R^2 v. \qquad (5.15)$$

Les deux formules (5.14) et (5.15) contiennent en outre des facteurs numériques de l'ordre de 1, qui sont différents pour des collisions élastiques ou, dans le cas des photons, lorsque la boule absorbe partiellement la lumière.

Le coefficient α, égal à l'inverse d'un temps, est en général très grand, même pour des distances $x_1 - x_2$ assez petites. Joos et Zeh ont donné une table du temps de décohérence $1/\alpha$, pour le cas (5.15) et pour les environnements suivants : (*i*) l'air, dans les conditions normales de température et de pression ; (*ii*) un vide parfait, à la surface terrestre, en pleine lumière du soleil ; (*iii*) le vide intergalactique, sous le seul effet du rayonnement cosmologique à 3 °K ; (*iv*) un vide de laboratoire, en présence de 10^6 molécules d'air par cm^3. Ils ont donné ces résultats pour des valeurs du rayon R typiques d'un grain de poussière, d'un agrégat moléculaire et d'une grosse molécule :

Objet	*Poussière*	*Agrégat*	*Grosse molécule*
Rayon R (cm)	10^{-3}	10^{-5}	10^{-6}
Temps de décohérence (seconde)			
Atmosphère	10^{-36}	10^{-32}	10^{-30}
Surface terrestre	10^{-21}	10^{-17}	10^{-13}
Vide intergalactique	10^{-6}	10^{6}	10^{12}
Vide de laboratoire	10^{-23}	10^{-19}	10^{-17}

Ainsi, à l'exception d'objets petits dans le vide intergalactique, on constate que la matrice densité réduite tend rapidement vers la forme diagonale

$$\rho_r = \begin{pmatrix} |c_1|^2 & 0 \\ 0 & |c_2|^2 \end{pmatrix}, \qquad (5.16)$$

ce qui est identique à ce qu'on obtiendrait si les deux fonctions d'onde de la boule ϕ_1 et ϕ_2 avaient été tirées au hasard avec des probabilités respectives $|c_1|^2$ et $|c_2|^2$. L'annulation des termes non diagonaux dans l'expression (5.13) montre que les manifestations des effets de superposition disparaissent, c'est-à-dire que les interférences macroscopiques sont supprimées.

On obtient ainsi la réponse à la question par laquelle Fermi reformulait naguère le problème du chat de Schrödinger : « Pourquoi, demandait-il, ne voit-on jamais qu'une seule Lune dans le ciel ? » Il pensait alors aux innombrables collisions quantiques que la Lune a subies depuis son origine et qui auraient dû étaler sa fonction d'onde sur tout l'écliptique. Le résultat du présent calcul montre que la cause principale de la position unique de la Lune (principale, car il y en a d'autres) tient simplement au fait que le Soleil l'éclaire.

Des trous d'Young dans un filet de tennis

On s'est longtemps posé la question de ce qui distinguait l'expérience des trous d'Young, selon que l'écran était traversé par un atome ou une balle de tennis. On verra plus loin, au chapitre 8, que la balle obéit en fait à la physique classique et qu'elle a une trajectoire bien définie, hormis de faibles incertitudes inhérentes aux relations d'indétermination. Cette trajectoire est déterminée par la préparation de l'état de la balle, c'est-à-dire par le choc d'une raquette classique, maniée de manière classique.

Mais supposerait-on que la balle soit lancée de très loin vers le filet, avec une impulsion si précise que sa position soit distribuée dans une vaste zone de l'espace (à cause des relations d'Heisenberg), elle ne montrerait toujours pas d'effets d'interférence, parce qu'elle est trop grosse. On pourrait en effet appliquer dans ce cas les calculs de Joos et Zeh, en considérant une matrice densité réduite $\rho_r(x, x')$, où x est la variable de position de la balle. On pourrait appliquer les formules (5.14) et (5.15) pour tenir compte de la décohérence, que celle-ci soit due à l'atmosphère, à l'éclairage diurne, à celui des étoiles ou au rayonnement infrarouge de la Terre et de l'atmosphère. On constaterait que tous les éléments de matrice $\rho_r(x, x')$ s'annulent très vite à moins que x et x' ne soient très voisins. La préparation quantique de la balle ne laisserait donc subsister aucun effet d'interférence quantique (associé à des valeurs différentes de x et x'). Il ne resterait essentiellement qu'une distribution de probabilité en x de la forme diagonale $\rho_r(x, x)$, qui n'aurait pour conséquence que de laisser la position de la balle au hasard. Une étude plus précise montrerait que son impulsion perdrait alors quelque chose de sa précision extrême, par une conséquence secondaire de la décohérence. La balle acquerrait ainsi très vite une trajectoire, aléatoire, certes, mais très bien définie en pratique, et elle ne pourrait passer que par un seul des trous du filet.

Pour l'atome, en revanche, sa petitesse limite fortement la possibilité qu'il soit perturbé par des molécules d'air (dans un vide de laboratoire) ou par des photons, à moins que ceux-ci ne soient produits par un laser ou une source très intense. Sa matrice densité réduite reste pratiquement inchangée ; elle continue de décrire un état pur si tel était le cas au début et elle préserve les effets de superposition constatés par interférence.

La théorie de la décohérence

Il est difficile de retracer les courants de pensée qui ont conduit à l'idée de décohérence. Le point de départ fut évidemment le problème majeur soulevé par l'exemple du chat de Schrödinger. Plusieurs auteurs, en particulier Heisenberg, mentionnèrent qu'il faudrait tenir compte de l'environnement, mais sans pouvoir dire comment. Les premiers progrès notables se produisirent à l'occasion d'un problème voisin, celui des processus irréversibles par lesquels un sens du temps s'introduisait dans la physique macroscopique. On comprit mieux alors, en particulier grâce aux travaux de Léon Van Hove, comment se produisent les phénomènes de relaxation, c'est-à-dire les analogues à l'échelle quantique d'une dissipation où la valeur moyenne d'une observable s'amortit sous l'action des interactions fluctuantes engendrées par un bruit thermique. Une conséquence importante de ces phénomènes fut de mieux comprendre et de mieux maîtriser la résonance magnétique aux applications si nombreuses, en particulier grâce aux travaux d'Anatole Abragam.

La première application au problème des interférences macroscopiques fut faite par Nicolas Van Kampen, qui montra que ces interférences disparaissaient, sans entrer cependant dans la dynamique de cette disparition[10]. Des résultats analogues, mais plus précis, furent ensuite apportés par Daneri, Loinger et Prosperi, à l'aide de méthodes ergodiques[11]. On réalisa alors peu à peu que la relaxation était un phénomène trop lent pour expliquer la rapidité de disparition des superpositions quantiques et les éléments essentiels de l'idée de décohérence se dégagèrent, en particulier dans un article important de Feynman et Vernon[12] et dans une analyse pénétrante de Heinz Dieter Zeh[1].

Les modèles

Il fallut établir de façon précise les caractéristiques du phénomène, le but étant non seulement de mieux le comprendre, mais de pouvoir l'atteindre par l'expérience. Le problème était difficile et l'on recourut d'abord à des modèles. Certains étaient plus ou moins académiques et davantage destinés à convaincre de la possibilité de l'effet que de pénétrer sa réalité. D'autres allaient plus loin, en particulier ceux de Hepp et Lieb et de Caldeira et Leggett[13]. L'environnement y était modélisé par une collection d'oscillateurs harmoniques ou de systèmes quantiques à deux niveaux (par exemple des spins 1/2 ou des atomes à deux niveaux effectifs). Ces modèles confirmaient que l'effet de décohérence existait et qu'il était extrêmement rapide. Par chance, il se trouva plus tard que l'un d'eux correspondait au cas de l'expérience cruciale de Brune, Haroche et Raimond, dans laquelle des atomes à deux niveaux interagissent avec un champ électromagnétique quantifié[2]. Il fut alors possible de comparer les données de l'expérience aux prédictions théoriques précises pour démontrer l'existence de la décohérence.

Un autre modèle important fut celui de Joos et Zeh, dont nous avons déjà parlé et qui se révélait particulièrement intéressant en ce qu'il montrait de manière claire que la décohérence méritait son nom, c'est-à-dire qu'elle était étroitement associée à une perte de cohérence des phases dans l'environnement. On continue d'ailleurs à explorer les modèles qu'on peut résoudre pour apprendre davantage sur cet effet essentiel.

Les théories

On a évidemment cherché à dépasser le stade des modèles pour obtenir des théories assez générales, mais le problème s'y prêtait mal. Il est très difficile en effet d'analyser des phases dans un système à N corps (c'est-à-dire un système quantique macroscopique dans le langage des théoriciens). Deux méthodes au moins ont été proposées dans ce dessein. La première est celle du « *coarse graining* », due à Gell-Mann et Hartle[14]. Elle s'applique surtout aux superpositions de différentes positions, comme dans le modèle de Joos et Zeh, sans se limiter cependant à ces circonstances. Dans le cas de la matière ordinaire et de situations expérimentales usuelles, elle envisage des régions petites à l'échelle macroscopique, mais suffisamment vastes pour contenir un grand nombre d'atomes. On prend les positions des centres de gravité de ces groupes d'atomes comme les observables pertinentes et l'on constate que la matrice densité réduite tend à devenir effectivement diagonale dans la base de ces positions. Les lois fondamentales de la physique interviennent plus explicitement dans ce résultat que dans la plupart des modèles, en particulier à travers l'expression non relativiste de l'énergie du système comme une somme d'énergies cinétiques des particules et des potentiels d'interaction. En principe, la méthode peut s'étendre à un cadre relativiste, en s'appuyant sur les densités des quantités conservées en théorie quantique des champs, mais peu d'applications ont été tentées dans cette direction.

Une autre théorie a repris la correspondance entre les processus irréversibles et la décohérence[15]. Elle ne s'appuie plus sur les phénomènes de relaxation, beaucoup trop lents, mais utilise une méthode générale qui permet d'extraire des équations d'évolution phénoménologiques à partir de lois générales, comme lorsqu'on passe de la dynamique classique d'un gaz de N particules à l'équation de Boltzmann ou quand on dérive l'hydrodynamique de la théorie cinétique des gaz[16]. On obtient ainsi les résultats les plus généraux à l'heure actuelle, mais sans atteindre la totalité des applications qu'on aimerait expliquer.

Des exemples importants dans la pratique échappent encore en effet à toutes les théories, comme ceux qui concernent les détecteurs de particules chargées. Ainsi, on ne sait pas encore rendre complètement compte des effets de décohérence lorsque les observables pertinentes n'apparaissent qu'au cours de la mesure. C'est le cas chaque fois qu'une nouvelle goutte se forme dans une chambre de Wilson, qu'une nouvelle bulle apparaît dans une chambre à bulles, ou quand une étincelle se produit dans une chambre à fil. Pourtant, un consensus largement répandu chez les théoriciens tend à considérer la décohérence comme un phénomène universel, hormis quelques exceptions explicites sur lesquelles nous reviendrons bientôt, mais cette opinion très vraisemblable n'est toujours pas étayée par une preuve indiscutable.

*Aspects mathématiques**

Nous n'ajouterons que des caractères assez généraux des résultats théoriques, dans le cas où une seule variable pertinente x intervient et où l'hamiltonien de couplage H_c de l'équation (5.10) est de la forme $\lambda x f(y)$, f étant une fonction des variables y et λ une constante de couplage. Tous les modèles et les théories que nous avons cités donnent des résultats semblables dans ce cas, avec des domaines d'application qui se recouvrent. Le modèle des oscillateurs harmoniques exige que f soit une fonction linéaire des variables y, mais il s'étend à des valeurs arbitrairement grandes du coefficient numérique λ. La méthode des phénomènes quantiques irréversibles n'impose pas en revanche de restriction sur la fonction f, toutefois le coefficient λ doit être suffisamment petit pour qu'on puisse utiliser un calcul de perturbation au second ordre dans cette quantité. Cette approximation est souvent satisfaite après une réduction de H_c aux petites fluctuations dues à l'environnement, comme c'est aussi le cas dans le modèle de Joos et Zeh. L'accord entre les résultats des différentes méthodes incite à penser que leurs conclusions principales sont générales et peuvent donc être indiquées ici.

Le résultat principal est une « équation maîtresse », qui détermine l'évolution de la matrice densité réduite sous la forme :

$$\frac{\partial \rho_r(x, x')}{\partial t} = A + B - \mu(x - x')^2 \rho_r(x, x'). \qquad (5.17)$$

Le terme A représente l'évolution du système pertinent quand il n'est pas couplé avec l'environnement. C'est donc la quantité suivante (en notation de Dirac) :

$$A = \left\langle x \middle| [H_p, \rho_r] / i\hbar \middle| x' \right\rangle. \qquad (5.18)$$

Le terme B représente les phénomènes de dissipation d'énergie dus à l'interaction avec l'environnement (par frottement, par exemple). Il n'est pas nécessaire ici de l'écrire explicitement, mais on reviendra plus loin sur ses conséquences.

Le dernier terme du second membre de l'équation maîtresse est le plus important pour notre propos, car c'est lui qui contrôle la décohérence. Le coefficient μ, appelé « coefficient de décohérence », est positif et très grand et le dernier terme de l'équation (5.17) est donc dominant (sauf quand x et x' sont très voisins). De plus, ses conséquences sont faciles à obtenir. En effet, quand les deux premiers termes A et B sont négligeables par rapport à lui, l'équation maîtresse devient approximativement

$$\frac{\partial \rho_r(x, x')}{\partial t} = -\mu(x - x')^2 \rho_r(x, x'). \qquad (5.19)$$

Si l'on fait apparaître explicitement le temps t parmi les variables dont dépend ρ_r, la solution de cette équation est immédiatement donnée par

$$\rho_r(x, x'; t) = \rho_r(x, x'; 0)\exp[-\mu(x - x')^2 t], \qquad (5.20)$$

confirmant ainsi le caractère exponentiel déjà rencontré dans l'équation (5.13).

*La question de la diagonalisation**

La forme du couplage $x\,f(y$ qu'on a considérée ici était apparemment très particulière, mais la tendance à la diagonalisation dans la base des positions x est très souvent constatée, même si elle se heurte à la dynamique imposée par le terme A pour de petites valeurs de $x - x'$. Wojciech Zurek a souligné ce caractère remarquable, car les lois quantiques sont en principe invariantes par un changement de base dans l'espace d'Hilbert alors qu'une diagonalisation (du moins si elle était parfaite) ne pourrait avoir lieu que dans une base unique[17]. Il a souligné que c'était dû à la relation de commutation $[H_c, X] = 0$, que l'on peut souvent associer à une invariance non relativiste par des changements de repères d'un centre de gravité, comme on la voit apparaître par la méthode de « *coarse graining* ».

On connaît cependant des exemples de diagonalisation qui n'ont pas cette origine. Par exemple, le cas d'une spire supraconductrice comportant une jonction Josephson est important dans l'analyse expérimentale de la décohérence et la diagonalisation a lieu, dans ce cas, dans une base où le rôle de X est joué par le flux magnétique au travers de la spire. On s'est donc demandé si la diagonalisation était un caractère universel de la décohérence. La situation actuelle à ce sujet est la suivante : on n'a mis en évidence aucun système concret où la décohérence ne s'accompagne pas d'une diagonalisation approximative. En revanche, on peut construire des cas théoriques où aucune diagonalisation n'a lieu, sans modifier cependant la suppression des effets des superpositions quantiques à l'échelle macroscopique[18]. Il semble donc bien que cette suppression soit la conséquence essentielle de la décohérence.

Le coefficient de décohérence

Nous avons indiqué que le terme B, dans l'équation maîtresse (5.17), exprimait l'effet de l'environnement sur la dissipation d'énergie dans le système étudié. Par exemple, dans le cas d'une boule plongée dans un gaz, les modèles théoriques prédisent un ralentissement où la force qui provoque la dissipation est de la forme simple $-\gamma P$, P étant l'impulsion de la boule. Il en résulte une dissipation dE/dt de l'énergie cinétique $E = P^2/2\,m$, égale à $-2\gamma E$ où le coefficient γ porte le nom de « coefficient de dissipation ».

Si l'environnement (c'est-à-dire le gaz) est en équilibre thermique à température absolue T, on peut calculer explicitement les coefficients de décohérence et de dissipation. On obtient ainsi des expressions formelles difficiles à manier dans la pratique, mais qui font apparaître parfois une relation simple entre ces quantités :

$$\mu = \frac{mkT}{\hbar^2}\,\gamma. \qquad (5.21)$$

Le coefficient k est la constante de Boltzmann qui permet de passer d'une température à une énergie ; m est la masse de la boule macroscopique et la température T est supposée assez élevée pour que l'environnement n'ait pas le comportement caractéristique des très basses températures. Il n'est pas utile pour nous d'être plus précis, car le domaine d'application de la relation (5.21) est très restreint : par exemple, il ne s'applique pas au cas où la force de dissipation est donnée par la formule de Stokes mettant en jeu la viscosité du gaz, mais seulement dans le cas d'un vide poussé. Néanmoins, la formule (5.21) est souvent prise comme une indication d'ordre de grandeur, quand un modèle plus fiable n'est pas disponible.

L'irréversibilité du temps

La nature du problème

La formule (5.21) souligne une parenté évidente entre la décohérence et la dissipation, ce qui reconduit à la question de l'irréversibilité. C'est une vieille et grande question, mais on peut l'aborder simplement en considérant le cas du mouvement d'un pendule dans un gaz. Ses oscillations ne constituent jamais un mouvement perpétuel, elles s'amortissent avec le temps. Les lois de la physique classique expliquent bien ce phénomène en tenant compte d'une force de frottement exercée par le gaz sur le pendule ou, dans le vide, d'une déperdition de l'énergie des oscillations par les déformations élastiques du fil.

Tout cela se passe dans un monde macroscopique où le temps présente avec évidence une direction privilégiée et où un calcul de physique classique s'applique. Il est alors facile d'intégrer les équations du mouvement en renversant le sens du temps et l'on constate, au lieu de l'amortissement, une croissance exponentielle des oscillations. Elles n'ont pas pu être infinies dans le passé cependant, mais le calcul ne peut pas déterminer le moment où elles ont commencé. On constate là un aspect un peu paradoxal de la théorie classique : elle est déterministe pour la prédiction de l'avenir, mais indéterministe pour la reconstitution du passé, ce qui semble assez contraire au sens commun.

C'est une des raisons, entre autres, pour lesquelles la mécanique statistique classique de Boltzmann apportait un progrès conceptuel considérable, en posant en principe que le frottement et la dissipation n'existent pas à l'échelle des atomes ou des molécules ; les lois qui gouvernaient ainsi les atomes classiques étaient donc invariantes par un renversement de sens du temps. En revanche, il fallait comprendre pourquoi le temps prenait une direction à l'échelle macroscopique, ce que Boltzmann expliquait comme un accroissement du désordre à l'échelle moléculaire, beaucoup plus probable qu'une apparition ou une réapparition de l'ordre à cause du très grand nombre de degrés de liberté. Quantitativement, l'entropie mesurait le désordre et elle allait en croissant.

Les idées de Boltzmann suscitèrent des objections, dont l'une est devenue un paradigme. Elle avait trait à un gaz confiné dans la moitié d'un récipient par une paroi mobile, qu'on retire à l'instant zéro. Les molécules du gaz emplissent alors le récipient. À un certain instant t, on remplace la vitesse de chaque molécule par son exacte opposée. En physique classique, cela suffit pour que le mouvement des molécules revienne à l'état initial après un autre intervalle de temps t, toutes les molécules se retrouvant confinées dans la moitié du récipient, exactement comme elles l'étaient aussitôt après qu'on a retiré la paroi mobile.

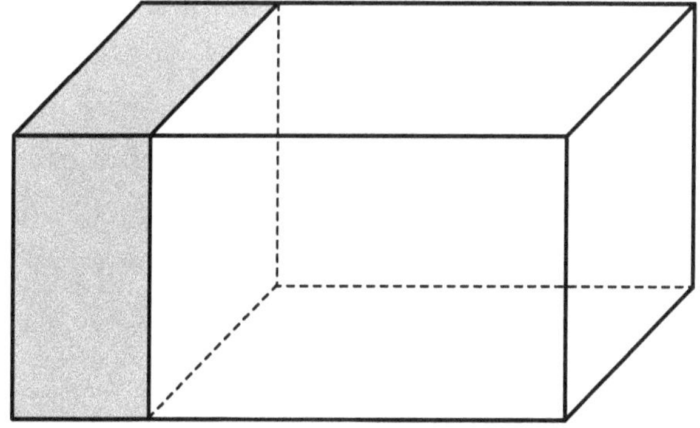

Figure 5.4 : Une expérience de pensée classique

Cette opération de renversement des vitesses était très simple, conceptuellement, et l'argument permettait à des critiques de conclure qu'une évolution physique, si elle était conforme aux hypothèses de Boltzmann, n'irait pas toujours dans le sens d'un accroissement du désordre. L'entropie, dont tout le monde s'accordait à admettre la croissance, ne coïncidait pas selon eux avec la fonction proposée par Boltzmann et les lois du mouvement à l'échelle atomique n'étaient probablement pas invariantes par renversement du temps. Rappelons que ceci se passait à une époque où la structure atomique de la matière était encore loin d'être admise universellement, mais on laissera là l'histoire pour reconsidérer le problème sous un angle quantique.

Les lois quantiques sont invariantes par renversement du temps (si l'on néglige du moins une interaction « superfaible » à l'échelle des particules élémentaires, dont les conséquences sont totalement négligeables pour la question qui nous occupe). Le temps entre dans la dynamique de manière extrêmement simple à travers l'équation de Schrödinger (2.18) pour la fonction d'onde, ou l'équation (5.9) pour la matrice densité. Par le calcul, on peut intégrer l'une ou l'autre de ces équations dans le sens des t décroissants aussi bien que celui des t croissants, à partir d'une fonction d'onde ou d'une matrice densité donnée à l'instant zéro. Comme l'évolution est toujours décrite par une transformation unitaire, on n'a aucun problème de limitation dans la prédiction, comme on en avait rencontré dans le cas du pendule classique.

On se retrouve en fait dans le cas déjà rencontré par Boltzmann, d'une manière d'autant plus nette que les hypothèses sont, maintenant, beaucoup mieux fondées. Les lois quantiques fondamentales sont invariantes par un renversement du temps et, à l'échelle macroscopique, il est absolument évident que le temps a une direction déterminée. D'où la question : Pourquoi ?

Les arguments de Boltzmann, avec une croissance du désordre, restent parfaitement satisfaisants, mais trois nouveaux aspects de la question apparaissent et méritent qu'on les mentionne. Ils ont trait respectivement à la forme explicite de l'opération mathématique de renversement du temps, à la notion d'expérience irréalisable et aux conséquences que cela entraîne pour la signification de la décohérence.

Le renversement du temps

Si l'on se restreint à des particules sans spin, un état pur quantique est décrit par une fonction d'onde dont les variables sont les positions des particules. Pour voir comment décrire un renversement du temps, nous écrirons explicitement l'équation de Schrödinger pour une particule unique placée dans un potentiel, soit :

$$i\hbar \frac{\partial \psi}{\partial t} = -\frac{\hbar^2}{2m}\Delta\psi + V(x)\psi.$$

On voit que si l'on opère une conjugaison complexe de toutes les quantités, la fonction d'onde ψ^* vérifie la même équation de Schrödinger, après un changement de variable : $t \to -t$. Le renversement du temps s'accompagne donc d'une opération de conjugaison complexe sur les fonctions d'onde et ce résultat est général. La forme explicite de l'opérateur d'impulsion, $P = -i\hbar\nabla$, montre que cette opération renverse les valeurs de l'impulsion, puisque i est remplacé par $-i$. C'est donc bien un renversement des vitesses.

On note aussitôt que cela change profondément le statut de l'objection qu'on opposait autrefois aux méthodes de Boltzmann en inversant les vitesses des molécules. Cette opération, apparemment intuitive d'un point de vue classique, devient la plus mystérieuse qui soit dans un contexte quantique. Comment en effet transformer partout i en $-i$, quand on fait de la physique réelle avec des instruments réels ?

On pourrait supposer, à la rigueur, que si l'on connaît ψ exactement, c'est-à-dire mathématiquement, il suffit de réaliser un système dont la fonction d'onde serait ψ^*, mais nous avons déjà rencontré ce problème pour conclure qu'une telle préparation était impossible dans notre univers. Il s'agit d'une expérience irréalisable, et donc purement conceptuelle, si bien que l'argument de physique quantique se révèle beaucoup plus convaincant que tous ceux qu'on pouvait avancer en physique classique, quand on ne pouvait faire état que de limitations pratiques.

La relation avec la décohérence

On peut appliquer le renversement du temps à l'équation maîtresse (5.17) après une analyse adéquate du terme B. On retrouve les mêmes exponentielles décroissantes, caractéristiques de la décohérence, un facteur de la forme $\exp[-\mu(x_1 - x_2)^2 t]$ étant simplement remplacé par $\exp[-\mu(x_1 - x_2)^2 |t|]$. Un état pur du système pertinent, donné à l'instant zéro, devient un mélange décohérent. En d'autres termes, la décohérence n'est pas liée au sens du temps, mais à l'ordre des données : ce qui est simple devient compliqué, déphasé, décohérent, quel que soit le sens du temps choisi.

Le principe de superposition n'est cependant pas violé au niveau fondamental. Un système isolé, initialement dans un état pur, reste dans un état pur. Mais si le système est macroscopique, avec un grand nombre de degrés de liberté, son état, bien que pur, devient de plus en plus compliqué, avec les incohérences de phases décrites plus haut. Cela vaut pour le système isolé en soi, mais si l'on veut l'observer, savoir quelque chose de lui, il faut le mesurer (car même observer un objet, c'est mesurer quelque chose de lui avec l'instrument de nos yeux). Toute observation est nécessairement une expérience réalisable, elle ne peut porter que sur un nombre relativement petit d'observables (par exemple un certain nombre de pixels de position, c'est-à-dire un nombre fort appréciable avec un bon appareil photographique, mais petit devant 10^{27}, pour prendre un cas typique). Connaître en revanche exactement l'état du système, sa fonction d'onde où subsistent les superpositions est une observation irréalisable ; on ne peut donc atteindre en principe que ce qu'un ensemble restreint de données pertinentes peut apporter. En d'autres termes, ce qu'on observe est inévitablement décrit par une matrice densité subissant la décohérence.

La conclusion de ces réflexions est donc que *l'effet de décohérence est objectif*, si l'on entend par « objectif » ce qui est vérifiable par l'expérience et qu'on ajoute pour condition que cette expérience soit réalisable, en tout cas en principe. Signalons que cette conclusion n'est pas universellement admise, mais on s'y tiendra néanmoins.

On peut montrer de plus que si deux systèmes interagissent, ont interagi dans le passé ou seront amenés à interagir dans le futur, même indirectement, on doit étendre la discussion du sens du temps au système plus large qu'ils constituent ensemble. L'effet de décohérence va alors dans le même sens du temps pour les deux. Il en résulte que ce sens du temps est universel. En analysant de plus près le terme B dans l'équation maîtresse, on constate que ce sens du temps de la décohérence coïncide avec celui de la thermodynamique et que l'entropie croît en général dans ce sens-là, de quelque façon qu'on la définisse. Le tableau général apparaît donc cohérent[19].

Les systèmes sans décohérence

La relation entre décohérence et dissipation, illustrée par la relation (5.21), suggère que la décohérence pourrait être absente dans certains systèmes, à condition que ceux-ci ne soient pas soumis non plus à la dissipation. La vérification de cette conséquence importante a été approfondie par Anthony Leggett et elle a conduit, en particulier, à la réalisation de certains types de SQUIDs (*supercon-ducting quantum interference devices* : dispositifs supraconducteurs d'interférométrie quantique), qui ne montraient aucune décohérence, ou du moins qu'une décohérence très faible, bien que leurs dimensions fussent de plusieurs centimètres[20]. Outre leur intérêt propre, les exemples de ce genre montrent qu'on ne saurait confondre les concepts de « macroscopique » et de « classique », puisqu'il existe des systèmes macroscopiques qui n'ont pas un comportement classique.

En fait, on connaissait depuis longtemps un autre exemple plus familier : celui de la lumière, c'est-à-dire du premier système physique grâce auquel on a observé des interférences. Quand on considère un rayon de lumière comme un ensemble de photons, il est clair que c'est souvent un système macroscopique. Il ne montre pas de dissipation interne cependant, car les interactions photon-photon sont extrêmement faibles (comme on le constate quand deux pinceaux lumineux se croisent : ils se traversent l'un l'autre sans s'influencer). Il y a donc bien dans ce cas cohérence (c'est-à-dire absence de décohérence) et absence de dissipation. Ainsi, on aboutit finalement à une compréhension satisfaisante des aspects essentiels des interférences macroscopiques, c'est-à-dire pourquoi on en observe certaines et pourquoi, en revanche, elles n'apparaissent pas dans la majorité des cas.

CHAPITRE 6

La logique quantique

Nous allons nous tourner maintenant vers le langage de la physique. C'est un sujet qu'on aborde rarement dans les cours de physique car les physiciens, au contraire des mathématiciens et des philosophes, prêtent peu attention à la forme de leurs discours, ou du moins la considèrent-ils comme mineure. Pourtant, la physique quantique est la science où les pièges du langage sont plus trompeurs que n'importe où ailleurs et opposent les obstacles les plus redoutables à la compréhension. Il nous faudra donc montrer d'abord pourquoi la question est importante, avant de présenter les améliorations importantes apparues depuis une vingtaine d'années.

La question du langage

On a déjà souligné que la physique quantique est une science formelle dont les concepts et les lois ne s'expriment vraiment qu'au travers des mathématiques. On pourrait donc dire aussi que le langage premier de cette physique, le plus proche de ses principes, est mathématique. Cette affirmation est si vraie que l'on pourrait effectivement tout décrire d'une expérience de manière formelle. Il suffirait de décrire les états d'un système par des fonctions d'onde ou des matrices densité, de considérer les mesures expérimentales comme des interactions avec des appareils spécifiques et tout paraîtrait clair. La décohérence et la correspondance explicite entre les échelles quantiques et classiques (qu'on verra au chapitre suivant) permettent de décrire aussi de manière formelle les instruments de laboratoire et l'environnement, et non seulement des atomes et des particules. On ne rencontre alors aucun paradoxe et aucune ambiguïté n'apparaît à ce niveau.

Pourtant, aucun ouvrage de physique quantique n'est écrit ainsi, pas plus celui-ci que d'autres, et le langage ordinaire est toujours préféré au langage formel quand il s'agit d'expliquer ou de décrire. Les mots semblent plus clairs que les équations, parce qu'ils décrivent des phénomènes et des faits. Le langage ordinaire reste toujours très proche de l'intuition, mais cela le conduit à combler les vides de ce qu'on ne voit pas par des explications plus ou moins approximatives, mettant en scène un monde virtuel où l'on croirait voir les atomes.

Ainsi, pour expliquer une expérience d'interférences, on dit ceci : « Un atome a traversé un écran percé de deux trous et sa fonction d'onde devient une superposition de deux composantes. Quand elle arrive sur un écran à scintillation, chaque pixel de l'écran agit comme un détecteur et enregistre la position de l'atome. » De même on dira, à propos d'une expérience de physique nucléaire mettant en jeu la réaction $n + p \rightarrow d + \gamma$: « Un neutron pénètre dans une cible emplie d'hydrogène ; il entre en collision avec un proton constituant un noyau d'hydrogène. Une réaction nucléaire produit alors un deutéron et un photon. » Mais en fait, on n'observe presque rien de ce qu'on décrit ainsi. On ne voit en réalité qu'un appareillage : le réacteur nucléaire d'où sortent les neutrons, le sélecteur qui les trie selon leur vitesse, le récipient d'hydrogène liquide constituant la cible et les photomultiplicateurs chargés de détecter les photons qui en sortent. Tout le reste est une construction mentale. Il en va de même pour une expérience de Stern-Gerlach quand on affirme : « Un atome d'argent sort du dispositif avec une composante de spin égale à − 1/2 dans la direction du champ magnétique. » Il est clair qu'on mêle hardiment la description d'un appareil concret à celle d'un vecteur d'état de spin à coordonnées complexes.

C'est pourtant le langage qu'on emploie couramment dans les cours et dans les congrès, celui qu'on lit dans les articles scientifiques. C'est un langage très ordinaire, mais qui fait bon marché de l'inadaptation du cerveau humain aux spécificités quantiques, quand l'intuition n'illustre plus les mots par une image intérieure. Peut-on faire confiance à un pareil langage ? Il est certainement trop étroit pour cela, car il est incapable d'englober des caractères opposés dans un même objet, comme une onde qui se comporte en particule. Il est aussi trop chargé d'intuitions dépassées, quand le simple emploi du mot « particule » semble nous interdire de concevoir que l'objet ainsi nommé passe simultanément par deux trous. En somme, on se heurte toujours à une difficulté centrale déjà soulignée : la nature obéit au principe de superposition et associe des processus parallèles, alors que notre langage est séquentiel et issu d'une pensée où des événements distincts s'excluent.

Les physiciens ont trouvé depuis longtemps un code de langage « physiquement correct » qui leur permet d'éviter les bourdes les plus graves. Il y a des choses qu'on ne dit pas. On se garde de dire qu'une particule se comporte comme un point matériel qui ne devrait passer que par un trou unique. On évite d'employer les mots « onde » et « particule » comme des synonymes dans une même phrase. Il y a beaucoup d'autres règles tacites de ce genre auxquelles les réflexions précautionneuses de Bohr ont beaucoup contribué. Mais cela n'élimine pas les paradoxes et les paralogismes où la science quantique s'est souvent engluée.

Un autre langage est apparu depuis une vingtaine d'années. Il n'existait pas de grammaire explicite du « physiquement correct », hormis certaines règles émises par Bohr, mais si contraignantes que personne ne les respectait. En effet, Bohr voulait interdire purement et simplement de parler de quoi que ce soit qui se passe au niveau microscopique. En revanche, personne n'avait réussi à analyser et légitimer un langage que tous les physiciens employaient, avant les travaux de Robert Griffiths qui vont être présentés dans ce chapitre.

Tout comme la décohérence et l'émergence de la physique classique, la construction des « histoires » de Griffiths ne fait appel qu'aux principes quantiques. Son importance est parfois moins bien comprise, cependant, car elle est moins manifeste. La décohérence et l'émergence de la physique classique traduisent en effet des évidences expérimentales : on n'observe pas d'interférences macroscopiques et les règles de la physique classique sont bien vérifiées à l'échelle macroscopique. Les histoires de Griffiths portent au contraire sur le langage, leur justification étant d'ordre logique et non empirique.

On a d'autant moins bien compris la signification des histoires de Griffiths que certains ont cru que leur aboutissement serait la réponse à des questions philosophiques – comme celles posées par le réalisme – alors qu'il n'en était rien. Il s'agit en fait d'une conjonction du langage ordinaire et du langage mathématique, où le premier garde sa clarté tout en s'appuyant sur la rigueur du second, d'un instrument d'interprétation ne modifiant en rien la physique mais la rendant plus facile à comprendre et à exprimer.

L'interprétation

Dès les années 1927-1928 et sous l'impulsion de Bohr, la question du langage de la physique quantique a fait partie de son *interprétation*. Ce mot dit bien ce qu'il veut dire, dans ce cas : il s'agit de traduire l'un dans l'autre deux langages, ou de faire correspondre deux représentations du monde. Deux méthodes ont été proposées pour cela, qui ressemblent beaucoup à un thème et une version selon que l'on part du langage explicatif ordinaire pour aller vers le langage formel, ou qu'on procède en sens inverse.

La première méthode s'appuie sur le langage descriptif et explicatif en insistant sur ses limites. C'est l'approche la plus ancienne et de loin la plus connue, qui a longtemps constitué le corpus de l'interprétation. Qui n'a pas entendu parler en effet de l'interprétation de Copenhague, des controverses entre Bohr et Einstein à son sujet, du problème de la réalité du monde quantique et des essais de retour au réalisme avec les variables cachées de John Bell ou l'onde pilote imaginée par Louis de Broglie et revue par David Bohm ?

Pourtant, nous ne dirons presque rien de cette approche dans ce livre, sauf quand nous rejoindrons certaines de ses idées par une autre voie. Ce silence ne signifie aucunement une quelconque dévaluation de travaux dont l'importance historique est incontestable. Il reflète simplement un choix pédagogique et méthodologique, car il paraît préférable que la compréhension de la physique quantique ne s'appuie pas, même indirectement, sur la seule autorité de ce qu'Einstein ou Bohr en ont dit autrefois. Il vaut mieux aller directement à la « chose elle-même », comme c'est devenu possible, trois quarts de siècle après leurs controverses.

Ce choix nous fera adopter la seconde voie d'interprétation, inaugurée par Von Neumann en 1931, parce qu'elle s'est révélée la plus féconde. Elle posait en principe – comme chez Bohr et au contraire d'Einstein – que les lois quantiques fondamentales pouvaient être tenues pour connues et fiables. Les développements extraordinaires qui sont intervenus depuis en physique n'ont fait que confirmer cette hypothèse, puisqu'ils n'ont entraîné aucune révision des principes. On peut donc prendre ceux-ci pour base, en s'appuyant sur leur forme mathématique puisque c'est la seule qui soit dépourvue d'ambiguïté.

Von Neumann souligna le premier l'importance du langage et de la logique dans l'interprétation. Sa contribution la plus importante fut l'établissement d'un dictionnaire permettant de traduire les deux langages l'un dans l'autre, le descriptif et le mathématique, en associant les propriétés de nature physique à des opérateurs mathématiques : des projecteurs qui seront présentés dans la section suivante.

En analysant plus avant le problème de l'interprétation, Von Neumann rencontra trois problèmes si difficiles qu'ils allaient l'arrêter. Le premier concernait l'amplification des interférences quantiques lors d'une mesure et allait bientôt être connu comme le problème du chat de Schrödinger. Le deuxième avait trait à la logique : le langage des projecteurs, intermédiaire entre les mathématiques et la physique, rencontrait en effet de sérieux ennuis avec la logique, si irritants qu'ils conduisirent plus tard Von Neumann à se demander s'il ne faudrait pas recourir plutôt à des logiques nouvelles, différentes de la logique aristotélicienne. Le troisième se manifestait quand on essayait de traduire la physique classique par des projecteurs appartenant à l'espace d'Hilbert.

La différence entre les conceptions de Bohr et celles de Von Neumann tenait aussi à la méthode. Fallait-il, comme Bohr, porter l'attention sur un langage descriptif à vocation philosophique autant que physique, délimiter son champ d'application et énoncer ses règles d'emploi, ou fallait-il, comme Von Neumann, partir des principes de la théorie comme autant d'axiomes et reconstruire l'intuition et le langage à partir d'eux ? En d'autres termes, les considérations d'ordre philosophique devaient-elles précéder l'interprétation ou la suivre ?

Nous avons choisi la méthode inspirée de Von Neumann dans ce livre parce qu'elle présente des avantages notables. Elle permet en effet de laisser de côté – dans un premier temps – des questions philosophiques qui auraient trait aux notions de vérité ou de réalité. Elle débouche au contraire aussitôt sur des problèmes explicites et c'est pour cela qu'elle a permis des réponses nouvelles quand ces problèmes ont été résolus. Ainsi, la solution du premier problème de Von Neumann fut la découverte de la décohérence, celle du deuxième conduisit aux histoires de Griffiths et celle du troisième allait permettre de réconclier le déterminisme avec le probabilisme, comme on le verra dans le chapitre suivant.

Un langage intermédiaire

S'il fallait décrire en quelques mots la méthode des histoires de Griffiths, on pourrait dire qu'elle introduit un troisième langage, intermédiaire entre le descriptif, qui est le plus clair, et le formel qui est le plus sûr. Cet intermédiaire est un langage des histoires qui traduit le contenu du premier en des termes appartenant au second. Un bénéfice inattendu est de conserver les règles usuelles de la logique quand on passe des descriptions aux explications, en éliminant tous les paradoxes et tous les non-sens qui ont longtemps pesé sur l'interprétation.

Cette entreprise s'est étendue sur plus d'un demi-siècle car, après la découverte par Von Neumann de la correspondance entre les deux langages par son dictionnaire des projecteurs, la deuxième clef, en quelque sorte une grammaire, n'apparut qu'en 1984 avec les histoires de Griffiths[1]. Notons qu'il ne faut pas confondre celles-ci avec les histoires de Feynman du premier chapitre, mais il n'y a pas de risque de confusion. Comme nous n'aurons pas besoin de celles de Feynman dans ce chapitre, nous parlerons simplement d'histoires, sans nom d'auteur, en n'envisageant que les secondes.

Propriétés et projecteurs

La notion de projecteur

La notion de projection est élémentaire dans l'espace euclidien à trois dimensions (voir la Figure 6.1). Si l'on considère un plan M passant par l'origine, c'est-à-dire un sous-espace de dimension 2, tout vecteur v de l'espace à trois dimensions peut s'écrire de manière unique sous la forme $v = v_1 + v_2$, où v_1 est un vecteur de M, appelé la projection orthogonale de v sur le plan M et v_2 est orthogonal à M. La relation entre v et v_1 est évidemment linéaire (la projection d'une somme de vecteurs étant la projection du vecteur somme) et on peut l'écrire sous la forme $v_1 = Ev$. L'opérateur E est appelé « l'opérateur de projection sur M » ou, plus brièvement, « le projecteur ». Comme la projection sur M du vecteur v_1 (qui appartient déjà à M) est encore v_1, on a $v_1 = Ev_1$ et, comme $v_1 = Ev$, cela entraîne $E^2v = Ev$, quel que soit le vecteur v et donc :

$$E^2 = E. \qquad (6.1)$$

La notion de projecteur ne repose que sur l'orthogonalité et la linéarité et elle s'étend donc à un espace d'Hilbert. Tout sous-espace M définit un opérateur de projection sur M de la forme $v_1 = Ev$ et cet opérateur continue à vérifier l'équation (6.1). On peut montrer que c'est un opérateur hermitien et qu'il a donc des valeurs propres

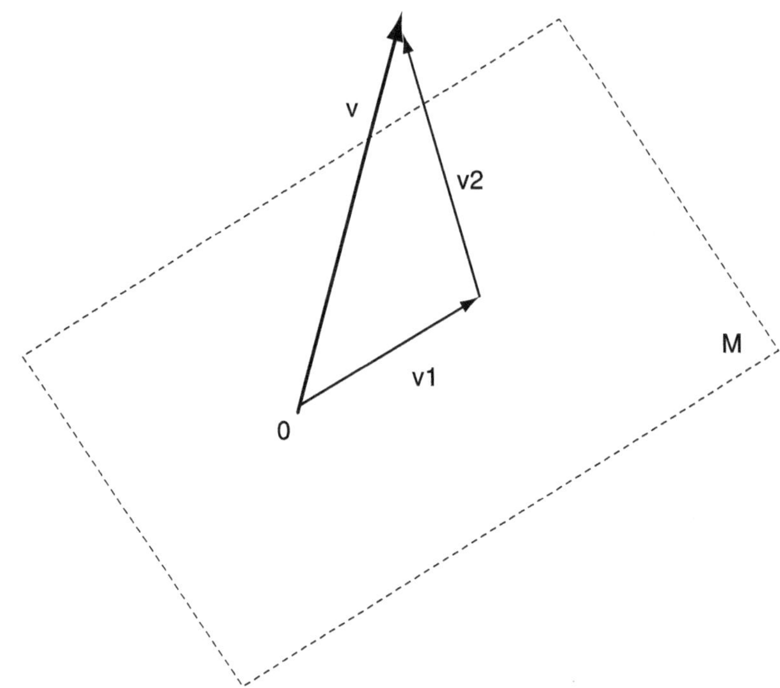

Figure 6.1 : Une projection dans un espace euclidien.

réelles. Si e est une valeur propre de E associée à un vecteur propre u ($Eu = eu$), l'équation (6.1) entraîne immédiatement $e^2u = eu$ et donc $e^2 = e$, d'où l'on déduit que le nombre e ne peut être égal qu'à 0 ou 1. Les vecteurs propres associés à la valeur propre 1 appartiennent au sous-espace M et ceux associés à la valeur propre 0 sont orthogonaux à M.

La notion de propriété

La physique quantique énonce des propriétés des systèmes qu'elle décrit. Plutôt que donner une définition *a priori* de ce qu'on entendra par l'idée de « propriété », on procédera par des exemples. On dira ainsi que la présence d'une particule dans une certaine région de l'espace est une propriété de cette particule. On peut la traduire en langage mathématique en lui associant un certain projecteur agissant sur les fonctions d'onde. L'action de ce projecteur est montrée sur la Figure 6.2 où l'on s'est restreint par commodité à

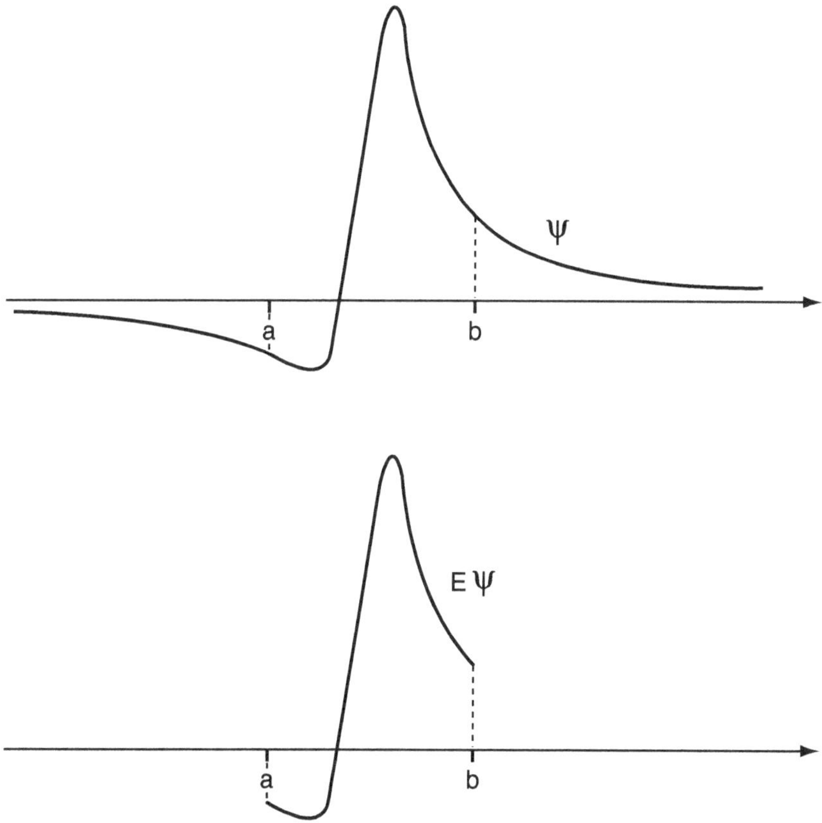

Figure 6.2 : L'action d'un projecteur de position.

un espace des positions de dimension 1 et où la région considérée est un domaine de l'axe des x (l'intervalle $[a, b]$ dans l'exemple de la figure). On voit que le projecteur rogne les ailes de la fonction d'onde en dehors de cet intervalle et la conserve à l'intérieur.

La même construction est applicable à une observable quelconque A, par exemple pour spécifier un certain domaine de valeurs d'une composante d'un moment cinétique ou d'une énergie. Afin d'exprimer que la valeur de A est contenue dans un certain domaine D (un ensemble de ses valeurs propres, c'est-à-dire un sous-ensemble de son spectre), on procède de la manière suivante. On introduit la base des vecteurs propres de A ; le projecteur E associé à la propriété énoncée, en agissant sur un vecteur u sur lequel il s'applique pour donner Eu, annule toutes les composantes de u qui ne sont pas associées à une valeur propre de A appartenant à D et conserve celles qui y appartiennent. Sans s'étendre sur les détails, on voit que toutes les propriétés relatives aux valeurs d'une observable reçoivent ainsi une forme mathématique explicite. C'est vrai, en particulier, quand on veut décrire la position d'une particule arrivant sur une certaine région de l'écran récepteur dans l'expérience des trous d'Young.

Pour compléter le dictionnaire dans le cas de cette expérience cruciale, il faut donner aussi une forme mathématique explicite à la propriété suivante, à mi-chemin entre le descriptif et le formel : « La fonction d'onde est ψ. » La fonction d'onde ψ est supposée connue, son caractère le plus important est d'apparaître comme la somme de deux fonctions, respectivement issues de chacun des deux trous à partir desquels elles se développent selon l'équation de Schrödinger. Pour lever toute ambiguïté, on s'appuie sur l'espace d'Hilbert où la fonction ψ est associée à un certain vecteur, qu'on désigne aussi par ψ. Le projecteur E_ψ qui traduit la propriété précédente est alors celui qui projette un vecteur quelconque u sur l'axe de l'espace d'Hilbert porté par le vecteur ψ. On peut aussi utiliser cette méthode pour exprimer, par exemple, qu'un atome est dans son état fondamental : il suffit d'introduire le projecteur qui projette sur la fonction propre de l'opérateur énergie dont la valeur propre est minimale.

Il faut souligner qu'un tel dictionnaire n'exige pas de savoir calculer avec exactitude la fonction d'onde ψ issue des trous d'Young ou celle de l'état fondamental d'un atome. Il suffit que la théorie formelle ait démontré que ces fonctions *existent* au sens mathématique du terme ; cela suffit pour que le projecteur existe et que la propriété énoncée ait un sens.

Les propriétés doivent en général faire intervenir le temps. Il est difficile en effet de savoir, par exemple, ce qu'il faut entendre par la proposition intemporelle : « Napoléon est à Fontainebleau », alors que la proposition temporelle « Napoléon est (ou « était », pour les besoins de la grammaire) à Fontainebleau le 17 juin 1807 à midi » décrit un fait qui peut être avéré ou réfuté. C'est aux propriétés temporelles qu'il faut faire appel en général pour décrire des propriétés physiques, en spécifiant par un projecteur $E(t)$ mentionnant le temps l'énoncé indéfini du projecteur E.

Pour réaliser cela en pratique, on fixe une origine des temps, en convenant que le projecteur E traduit désormais la propriété envisagée, quand elle a lieu à l'instant de référence 0. L'évolution des fonctions d'onde par l'équation de Schrödinger et le principe de linéarité entraînent alors la relation

$$E(t) = U^{-1}(t)EU(t), \qquad (6.2)$$

où $U(t)$ est l'opérateur d'évolution[2].

On ramène ainsi l'explication de l'expérience des trous d'Young au problème consistant à traduire en termes mathématiques la description suivante : « À un instant t, la fonction d'onde ψ est la somme de deux fonctions issues de chacun des trous, et, à un instant t' ultérieur, la particule est dans une région D de l'écran récepteur. » Il n'est pas nécessaire d'être plus précis, car on peut laisser le soin à la théorie de vérifier qu'il *existe* bien une fonction ψ répondant aux conditions de l'expérience et un couple d'instants (t, t') pour lesquels la description a un sens.

Un autre exemple

Ajoutons un exemple où l'intérêt d'introduire le temps dans les propriétés est encore plus évident. Ainsi, on avait mentionné plus haut une propriété susceptible d'intervenir dans l'explication d'une expérience : « La réaction $n + p \to d + \gamma$ a eu lieu. » Là encore, il faudrait préciser l'instant dont on parle, il faudrait dire, par exemple : « La réaction $n + p \to d + \gamma$ a eu lieu entre les instants t et t' », quitte à laisser la théorie prendre soin de l'existence des temps mentionnés.

La difficulté de ce problème tient à la disparition de certaines particules et à l'apparition de nouvelles, mais le formalisme nécessaire existe. Il consiste à introduire deux espaces d'Hilbert, dont l'un représente les deux particules n et p non liées, l'autre représentant d et γ. On peut alors introduire le projecteur $E(t)$ sur le premier espace pour traduire le fait que le système physique ne contenait qu'un proton et un neutron à l'instant t, un autre projecteur $E(t')$ sur le second espace exprimant de son côté que le système contient un deutéron et un photon à l'instant t'. Il faut introduire ces deux projecteurs pour exprimer que la réaction a eu lieu entre les instants t et t'[3].

Les exemples sont innombrables, on en trouverait des centaines en traduisant ainsi le contenu de livres de physique usuels, toute description d'expérience pouvant toujours s'énoncer par un certain nombre de propriétés relatives à divers instants, traduites par des projecteurs.

Définition des histoires et introduction de leurs probabilités

On peut résumer ce qui précède en posant que la description d'une expérience peut toujours se traduire par une collection de projecteurs $(E_1(t_1), E_2(t_2), ..., E_n(t_n))$ exprimant des propriétés qui ont lieu à des instants $(t_1, t_2, ..., t_n)$. Nous dirons que cela constitue une *histoire* du système quantique considéré. Quand plusieurs histoires d'un même système entreront en ligne de compte, on les distinguera par un indice grec, par exemple h_α.

Puisque la physique quantique est probabiliste, une histoire particulière n'est jamais certaine. Elle est toujours en rivalité avec d'autres histoires, d'autres événements possibles, si bien qu'on ne peut lui attribuer qu'une probabilité. Notre premier soin sera de nous assurer que cette probabilité existe et d'en donner l'expression.

Le cas d'une histoire à temps unique

Il y a un cas où la probabilité est déjà connue, celui des histoires qui se réduisent à un instant unique, par exemple : « La position d'une particule est dans un certain domaine D de l'espace à un instant t. » La probabilité p correspondante, quand le domaine D est un intervalle (a, b), est donnée par

$$p = \int_a^b |\psi(x\,;t)|^2 \, dx.$$

Cela peut s'écrire en introduisant le projecteur E associé à l'intervalle $[a, b]$, qui tronque les fonctions d'onde en dehors de cet intervalle. On introduit ainsi la fonction d'onde $\phi = E\psi(t)$ qui coïncide avec $\psi(t)$ dans l'intervalle et s'annule en dehors, de sorte que[4]

$$p = \int_{-\infty}^{+\infty} |\phi(x)|^2\, dx = \|\phi\|^2 = \|E\psi(t)\|^2 = \|E(t)\psi(0)\|^2. \qquad (6.3)$$

Le temps zéro est choisi arbitrairement, mais on le prend d'ordinaire antérieur à t. Un calcul élémentaire permet de généraliser cette expression et de la réécrire sous forme de trace, quand l'état initial est défini par une matrice densité $\rho(0)$[5]

$$p = Tr\{\rho(0)E(t)\}\,. \qquad (6.4)$$

Les conditions nécessaires à l'existence de la probabilité d'une histoire

Cinq conditions s'imposent aux probabilités d'histoires, toutes étant nécessaires pour que les histoires s'adaptent à toutes les descriptions et pour que le formalisme quantique soit respecté. On prendra des exemples dans des expériences de laboratoire, mais la méthode s'applique aussi au cas de phénomènes quantiques produits dans la nature.

Il sera commode de faire ressortir l'ordre temporel des propriétés qui entrent dans une histoire, c'est-à-dire de ses projecteurs. L'instant initial sera pris en général antérieur aux propriétés envisagées et les différents projecteurs $(E_1(t_1),\ E_2(t_2),\ ...,\ E_n(t_n))$ seront ordonnés dans l'ordre où les instants se succèdent, c'est-à-dire : $0 < t_1 < t_2, <...< t_n$. Cela étant, les conditions nécessaires seront les suivantes.

1. *La donnée de l'état initial et sa description.* Il faut connaître la nature et l'état initial d'un système avant de décrire son histoire. Sa nature est en principe incluse dans l'espace d'Hilbert qui lui est associé et son état initial résulte de sa préparation, c'est-à-dire de l'appareillage utilisé pour le produire. Le chapitre suivant montrera que la description classique de l'appareillage peut être intégrée dans le formalisme des histoires, de sorte que la préparation pourrait fort bien être considérée comme une histoire précédant l'expérience décrite, c'est-à-dire une histoire plus vaste incluant l'appareillage de

préparation et peut-être beaucoup d'autres éléments du passé. Le fait de fixer un instant zéro et de tenir tout ce qui l'a précédé comme accessoire implique que l'état initial doive être en général représenté par une matrice densité $\rho(0)$, comme on l'a vu au chapitre précédent.

2. *Indépendance du contexte*. Il y a toujours un contexte à la description d'une expérience. Ainsi, la réaction nucléaire $n + p \to d + \gamma$ dont on parlait plus haut n'était qu'un événement éventuel parmi d'autres. Le proton et le neutron auraient pu ne pas entrer en collision, ou ils auraient pu le faire sans produire un deutéron ; peut-être aussi le photon aurait-il pu être produit dans la paroi de l'enceinte ou par un rayon cosmique traversant le système. Les possibilités sont nombreuses dans une expérience réelle.

Or le calcul des probabilités requiert un contexte. Il suppose qu'on définisse *a priori* tous les événements auxquels une probabilité sera attribuée. Dans le cas d'une histoire donnée, le choix du contexte est dicté par l'utilisation que l'on veut en faire, c'est-à-dire par les questions que l'on soulève et le discours que l'on tient. Ainsi, pour discuter l'expérience des trous d'Young, on pourrait considérer des histoires énonçant qu'une particule est passée par un trou, ainsi que d'autres histoires énonçant qu'elle est passée par l'autre trou, si l'on a pour intention de montrer que ce langage est irrecevable. Dans le cas d'expériences réelles, les expérimentateurs qui traquent les causes d'erreurs systématiques dans une expérience envisagent en fait un grand nombre d'histoires possibles. Dans tous les cas, on est amené à introduire une *famille d'histoires*, où chaque histoire doit avoir sa propre probabilité.

Cette famille doit être complète, en ce sens que toutes les histoires éventuelles y figurent (comme l'exige en principe le calcul des probabilités s'il doit s'appliquer aux histoires). C'est sans doute à ce stade que la différence entre la réalité physique et les limitations du langage se fait le plus sentir. La nécessité d'une famille complète serait exorbitante si elle exigeait de recenser toutes les possibilités offertes par la physique dans une expérience réelle. Le langage, au contraire, n'en envisage à chaque fois que quelques-unes, par exemple celles qui permettent de comprendre et d'expliquer un phénomène donné. Quand l'attention se concentre sur une certaine histoire et les propriétés qui la composent, on peut limiter la famille envisagée à un minimum, comme on le montre dans les notes[6].

Nous poserons en principe l'indépendance de la probabilité d'une histoire donnée vis-à-vis du contexte, ce qui signifie que cette probabilité ne dépend que de l'état initial et des projecteurs constituant l'histoire.

3. *Prolongement des histoires.* Quand on discute une expérience, on est souvent amené à revenir sur une histoire pour la prolonger vers le passé ou le futur. Un prolongement vers le passé peut s'avérer utile pour préciser les circonstances de la préparation. Quand, par exemple, un expérimentateur étudie une réaction nucléaire et se demande si un phénomène extérieur n'aurait pas provoqué ce qu'il enregistre, il fait son travail de scientifique, attentif à toutes les causes d'erreurs. Le théoricien qui désire raccorder la pensée de son collègue aux principes fondamentaux de la théorie doit alors prendre en compte, même implicitement, une histoire prolongée vers le passé, incluant par exemple l'arrivée d'un rayon cosmique dans l'appareillage, car cet événement antérieur conditionne certaines possibilités d'erreur.

On peut aussi devoir prolonger une histoire vers le futur. Le cas le plus fréquent est celui où le résultat d'une première expérience conditionne l'interprétation d'une autre qui la suit. Ainsi, la mesure de l'état de spin d'un atome peut être un préalable à une expérience où cet atome intervient, de sorte qu'il faille prolonger vers le futur l'histoire de la mesure du spin par celle de la mesure ultérieure d'une autre observable.

Dans le langage des histoires, cela se ramène souvent au cas où une histoire h à laquelle on s'intéresse, avec ses instants $(t_1, t_2, ..., t_n)$, fait suite à une histoire antérieure h' dont les instants étaient de la forme $(t'_1, t'_2, ..., t'_m)$, avec $t'_m < t_1$. La prise en compte des deux histoires engendre une plus longue histoire h'' dont les instants sont ceux de la suite $(t'_1, t'_2, ..., t'_m, t_1, t_2, ..., t_n)$. Cette situation est familière en calcul des probabilités, où elle est à la base des probabilités conditionnelles. Dans le cas présent, on considérera la probabilité de h comme une probabilité conditionnelle $p(h \mid h')$ où l'histoire antérieure h' est donnée. La condition correspondante est alors :

$$p(h'') = p(h')\, p(h \mid h'). \qquad (6.5)$$

4. *La formule de Born.* La probabilité d'une histoire à un seul temps est déjà connue par la formule (6.4), qui dérive directement des principes de la théorie quantique. Elle doit donc apparaître comme un cas particulier de la formule générale.

5. *Cohérence mathématique.* La dernière condition est d'ordre mathématique. Elle exige que les probabilités des histoires et les probabilités conditionnelles qui apparaissent dans la formule (6.5) obéissent aux axiomes du calcul des probabilités, qui seront rappelés plus loin.

La probabilité des histoires

L'expression explicite des probabilités

En entrant dans le détail des conditions auxquelles les probabilités d'histoires devaient être soumises, on a vu leur lien étroit avec le langage ordinaire et les principes quantiques. Il faut souligner qu'aucune hypothèse de nature physique n'a été faite, hormis la validité de ces principes. Si donc une réponse existe, si une histoire a une probabilité, celle-ci ne peut être qu'une conséquence des principes, c'est-à-dire des propriétés mathématiques des projecteurs, de celles de la matrice densité et de la formule de Born.

Il est remarquable que ces conditions impliquent effectivement l'existence de la probabilité d'une histoire, et même son unicité[7]. (À l'énoncé d'un tel résultat, un théoricien ne manque de dresser l'oreille, car si un outil théorique est unique, il est probable qu'il joue un rôle important dans la théorie.)

Pour écrire la probabilité d'une histoire h_α associée à une suite de projecteurs $(E_1(t_1),\ E_2(t_2),\ ...,\ E_n(t_n))$, il est commode d'introduire un opérateur d'histoire C_α donné par le produit

$$C_\alpha = E_1(t_1)E_2(t_2)...E_n(t_n). \tag{6.6}$$

On remarque que l'adjoint de cet opérateur est le produit des projecteurs ordonnés dans l'ordre inverse des temps :

$$C_\alpha^\dagger = E_n(t_n)...E_2(t_2)E_1(t_1).$$

L'expression de la probabilité de l'histoire α est alors donnée par la formule

$$p(\alpha) = Tr(C_\alpha^\dagger \rho C_\alpha), \tag{6.7}$$

où ρ est la matrice densité $\rho(0)$, à l'instant initial. Dans le cas d'une histoire à temps unique, la formule (6.7) devient

$$p = Tr\{E(t)\rho E(t)\}, \tag{6.8}$$

qui est effectivement identique à l'expression (6.4)[8].

Les conditions de « consistance »

La dérivation des probabilités d'histoires ne se limite pas à la démonstration de la formule (6.7). Elle impose aussi des restrictions sévères aux histoires acceptables, c'est-à-dire en dernier ressort aux descriptions acceptables des phénomènes quantiques. Cela tient à la condition 5, c'est-à-dire aux axiomes du calcul des probabilités qui sont au nombre de trois :

1. La probabilité $p(a)$ d'un événement élémentaire a est un nombre positif (condition de positivité) ;

2. Étant donné deux événements (a, b) qui s'excluent mutuellement, on peut considérer leur réunion comme un événement « a ou b » dont la probabilité est donnée par

$$p(a \text{ ou } b) = p(a) + p(b) \text{ (condition d'additivité) ;} \tag{6.9}$$

3. La somme des probabilités de tous les événements élémentaires est égale à 1 (condition de normalisation).

Dans le cas présent, les événements élémentaires sont toutes les histoires d'une même famille, dans un contexte donné. Nous ne nous étendrons pas sur ce que deviennent alors leur exclusion mutuelle, les réunions (symbolisées par « ou »), les intersections (symbolisées par « et ») et la négation (« non ») pour ne retenir que leurs conséquences dans le cas des probabilités des histoires d'une famille[9]. On constate que les deux premières conditions imposées aux probabilités sont effectivement satisfaites par la formule (6.7), alors que ce n'est pas toujours le cas pour la condition d'additivité (6.9). Bien au contraire, ce n'est jamais le cas si une famille d'histoires est construite avec maladresse, c'est-à-dire si l'explication qu'elle traduit est elle-même maladroite[10]. Pour que la condition d'additivité (6.9) soit satisfaite, il existe des conditions nécessaires et suffisantes qui s'écrivent

$$\mathrm{Re}\,Tr(C_\alpha^\dagger \rho C_\beta) = 0, \text{ pour } \alpha \neq \beta, \qquad (6.10)$$

où α et β désignent deux histoires quelconques de la famille considérée et la notation Re désigne la partie réelle de la trace, qui est en général un nombre complexe. Leur démonstration est donnée dans les notes pour un cas simple[11]. Dans la pratique, on constate que la trace est elle-même nulle dans la plupart des applications où la décohérence entre en jeu. On a alors :

$$Tr(C_\alpha^\dagger \rho C_\beta) = 0, \text{ pour } \alpha \neq \beta. \qquad (6.11)$$

On donne à ces conditions le nom de « conditions de Griffiths » ou plus couramment celui de « conditions de consistance ». Ce terme est directement emprunté à l'anglais (*consistency conditions*), dont la traduction correcte en français ne pourrait être que « conditions de cohérence », dans le sens d'une cohérence logique ou mathématique. Mais on serait alors amené à dire, dans de nombreux cas d'une grande importance en physique, que les conditions de cohérence sont satisfaites grâce à l'effet de décohérence. Il est donc préférable de se résigner à un barbarisme plutôt que donner l'apparence d'une « incohérence » de la pensée.

Une application importante

Comment comprendre l'expérience des trous d'Young

Les conditions de consistance impliquent que toutes les histoires ne sont pas bonnes à dire, l'exemple le plus frappant étant une fois encore celui des trous d'Young. Dans certains cours classiques de mécanique quantique, comme celui de Feynman[12], on fait souvent la comparaison entre ce qui se passe quand un atome traverse les deux trous à la fois (auquel cas on observe des interférences) et quand il passe par un seul des trous, l'autre étant bouché. Dans le second cas, on observe une répartition quasiment uniforme des atomes, conforme à la diffraction due à l'étroitesse des trous, mais rien qui ressemble à des interférences.

On conclut alors, sur la foi des résultats expérimentaux, qu'une particule doit être passée par les deux trous à la fois quand ceux-ci sont ouverts. Dans le langage explicatif de la physique, celui que nous appelions « physiquement correct », cela revient à interdire de dire ou d'écrire que « la particule est passée par un des deux trous » ou « elle est passée par l'un ou par l'autre des trous ». Mais les principes de la mécanique quantique ne contenaient rien à ce sujet, trop étranger à leur langage mathématique. Pour que l'argument pédagogique des trous ouverts ou fermés fût entièrement convaincant, il aurait fallu établir la légitimité d'une description verbale, ce qui n'avait jamais été fait avant l'apparition des histoires de Griffiths.

Il est maintenant aisé de vérifier cette légitimité, en reprenant exactement la discussion de Feynman. On peut même n'envisager que des expériences de pensée, pour qu'il soit bien clair que toute la discussion ne porte que sur le langage. Considérons d'abord le cas où les deux trous sont ouverts. Au temps zéro, la fonction d'onde est une onde plane monochromatique qui se dirige vers l'écran percé des deux trous. À un instant ultérieur t_1, la partie de cette onde qui a traversé les trous est de la forme $\psi(x, t_1) = \phi_1(x, t_1) + \phi_2(x, t_1)$, où chacune des fonctions ϕ_1 et ϕ_2 est issue d'un des trous. On peut traduire l'affirmation de cette fonction d'onde par le projecteur $E_1(t_1)$ qui projette sur le vecteur $\psi(t_1)$. Supposons maintenant que la dynamique de Schrödinger prédise que l'onde arrive sur l'écran de réception à l'instant t_2. On peut imaginer de couvrir cet écran par de nombreuses cellules (représentant par exemple des grains d'émulsion photographiques, ou ne faisant qu'exprimer des hypothèses). Les projecteurs de position de la particule qui correspondent à ces régions seront alors désignés par $E_2^{(m)}(t_2)$, l'indice m servant à distinguer les différentes cellules.

On peut former une famille complète d'histoires dont toutes les histoires constituantes sont de la forme $(E_1(t_1), E_2^{(m)}(t_2))$ et

$(\bar{E}_1(t_1),\ E_2^{(m)}(t_2))^{(6)}$. On constate alors que les conditions de consistance (6.10) sont bien vérifiées et que la probabilité des histoires du type $(E_1(t_1),\ E_2^{(m)}(t_2))$ coïncide avec les probabilités connues des interférences, comme on le montre dans les notes[13].

Ainsi, le langage grâce auquel on explique intuitivement les interférences quantiques est tout à fait légitime. La dualité onde-corpuscule n'a rien d'incompréhensible, puisque *les projecteurs qui interviennent dans les histoires à des temps différents ne sont pas censés commuter*. On comprend à l'inverse l'erreur, ou du moins le préjugé qu'il y avait dans la présentation de la dualité comme un paradoxe. La difficulté reposait sur l'idée que la dualité signifierait que l'objet *est* onde et qu'il *est* particule, ce qui aurait constitué un cas manifeste de contradiction dans les termes. Mais les principes quantiques ne disent rien sur l'être et le non-être alors que l'interprétation que l'on donnait ainsi à la dualité s'appuyait implicitement sur ces notions empreintes de philosophie.

En assurant une base ferme au langage explicatif, la méthode des histoires rejette l'idée qu'un objet soit onde et particule *au même instant*, car les projecteurs traduisant ces deux propriétés ne commutent pas. En revanche, il est souvent légitime de décrire une expérience quantique par le langage ordinaire et c'est le cas pour celle des trous d'Young. Il est légitime et instructif de *parler* d'onde pour décrire ce qui se passe à un instant t_1 et de *parler* de particule pour ce qui se passe à l'instant t_2, de manière à fournir une explication claire de cette expérience fondamentale.

Ce qu'on ne peut pas dire

On peut décrire de la même façon l'expérience et ses résultats quand, par exemple, le trou Numéro 2 est bouché. Au lieu du projecteur $E_1(t_1)$ précédent qui projetait sur $\psi(t_1)$, on a recours à un autre projecteur $E_1^{(1)}(t_1)$ qui projette sur la fonction d'onde $\phi_1(t_1)$ issue du trou Numéro 1. On y ajoute le projecteur complémentaire $\bar{E}_1^{(1)}(t_1)$ afin de construire une famille complète d'histoires analogue à la précédente et les résultats sont à la fois simples et satisfaisants : la famille obtenue est consistante et les probabilités d'arrivée des particules sur l'écran montrent une figure de diffraction, centrée sur le point d'abscisse $y = a$ (avec les notations du chapitre 3).

La situation se complique considérablement quand on essaie de comparer les hypothèses où l'objet – onde ou particule – serait passé par un des trous ou par l'autre, ou bien par les deux à la fois. Cette question a été une source de troubles depuis l'apparition de la mécanique quantique, mais la réponse est sans ambiguïté, comme on va le voir.

On considère d'abord le cas où le langage utilisé envisage que la traversée de l'écran a lieu sous la forme d'une onde. Il faut alors donner une place dans les histoires au projecteur $E_1^{(1)}(t_1)$ exprimant au travers de la fonction $\phi_1(t_1)$ que l'onde est passée par le trou 1 ; de même, il faut introduire le projecteur $E_1^{(2)}(t_1)$ qui a le même rôle pour le passage à travers le trou 2. Pour compléter la famille d'histoires, on doit cette fois faire appel à un dernier projecteur, encore noté $\bar{E}_1(t_1)$, représentatif du sous-espace d'Hilbert orthogonal à la fois à $\phi_1(t_1)$ et $\phi_2(t_1)$. La description des différents points d'arrivée sur l'écran est toujours exprimée quant à elle par la collection des projecteurs $E_2^{(m)}(t_2)$.

Cette fois, les conditions de consistance (6.9) ne sont pas vérifiées. Si le projecteur $E_2^{(m)}(t_2)$ correspond à l'arrivée de la particule sur l'écran de réception en un point d'ordonnée y, les conditions non satisfaites se traduiraient par l'équation

$$\mathrm{Re}\,Tr\{E_2^{(m)}(t_2)E_1^{(1)}(t_1)\rho(0)E_1^{(2)}(t_1)E_2^{(m)}(t_2)\} = 0, \qquad (6.12)$$

mais on constate que le premier membre de cette équation est en réalité différent de zéro et que la trace est proportionnelle à $\exp[4ikay/D]$, avec les notations du chapitre 3[14]. Puisque les conditions de consistance ne sont pas satisfaites, il en résulte que les histoires envisagées étaient dénuées de sens (on verra d'ailleurs dans la section suivante que leur énoncé était contraire à la logique).

Ainsi, essayer de discuter si l'onde est passée par les deux trous ou par un seul conduit à une situation absurde : on utilise un langage qui *semble* avoir un sens à cause de nos habitudes de pensée, mais qui n'en a aucun si les principes quantiques gouvernent l'expérience dont on parle. La communauté des physiciens du quantique, souvent échaudée par des cas de ce genre et par les supputations infinies qu'ils ont engendrées, prenait bien soin d'éviter de les réintroduire dans les textes ou les discours en s'en tenant au « physiquement correct ». La méthode des histoires apporte maintenant une justification rationnelle à cette autocensure heureuse.

On n'ajoutera qu'un dernier mot sur ce sujet. Certains critiques exigeants pourraient trouver à redire au fait que l'argument de rejet qu'on vient de donner signifie seulement, au sens strict, que l'objet dont on parle n'a pas pu passer par un seul des deux trous quand on le décrit comme une onde. Ils pourraient objecter que, peut-être, l'objet n'est passé par un seul trou que sous son aspect de particule.

Il est difficile de répondre à cette objection dans l'exemple des trous d'Young parce qu'il faudrait préciser la matérialité des trous, leur largeur, l'épaisseur de l'écran dans lequel ils sont percés, et ainsi de suite. En revanche, une expérience d'interférence en laboratoire, réalisée avec un interféromètre comportant deux bras, se prête parfaitement à une discussion où toute ambiguïté est exclue. Sa traduction mathématique est identique à celle qu'on vient de donner, mais elle s'appuie sur une interprétation différente des projecteurs. Le projecteur $E_1^{(1)}(t_1)$, par exemple, ne fait plus référence à une fonction d'onde $\phi_1(t_1)$, mais il traduit une propriété de la position de la particule à l'instant t_1 : celle-ci étant alors localisée dans le bras numéro 1 de l'interféromètre. L'analyse reste exactement la même et ses conclusions sont inchangées. Même ainsi, aucune signification ne peut être accordée aux mots employés, qui se révèlent creux et n'expriment que des fictions.

La logique

Le moment est venu maintenant de distinguer deux aspects du langage, l'un descriptif et l'autre explicatif. Le premier est celui des procès-verbaux qui se contentent de rapporter des faits en disant : « Voici ce que sont les choses. » Le second porte un jugement et complète le premier en ajoutant : « Voici pourquoi les faits se sont produits ainsi et voici les conséquences qu'on peut en déduire. » Les exemples qu'on vient de rencontrer à propos des trous d'Young étaient tous descriptifs, y compris quand certains concluaient à l'impossibilité de certaines descriptions. Nous n'avons pas encore atteint le centre de la question posée par Feynman, celle de la possibilité de comprendre qui permettrait d'affirmer : « C'est *parce que* la fonction d'onde est une somme de deux composantes issues des deux trous que les interférences montrées par les particules ont lieu » ; ou : « Les interférences sont visibles dans la distribution finale des particules, *donc* la fonction d'onde était bien la somme de deux composantes. »

Le langage expérimental de la physique est empli d'analyses analogues, dont voici un exemple à propos d'une expérience destinée à étudier la réaction $n + p \rightarrow d + \gamma$, avec le dispositif montré sur la Figure 6.3. On propose alors couramment des explications telles

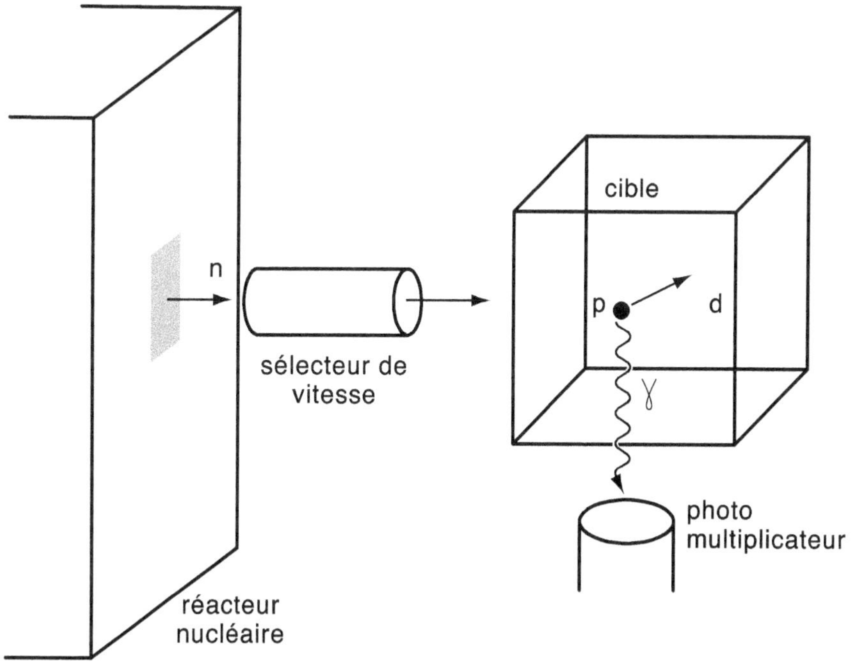

Figure 6.3 : Une expérience de physique nucléaire.

que celle-ci : « Le photomultiplicateur a enregistré un événement, *donc* il a détecté un photon. Mais *si* un photon d'énergie suffisante s'est trouvé là, *alors* il avait été produit par une collision neutron-proton. *Ainsi*, il y a eu une collision. *Par conséquent*, un neutron était entré dans la cible contenant l'hydrogène avec ses protons. *Si* le neutron est entré dans la cible, *alors* il a dû traverser le sélecteur de vitesse. *Or* le sélecteur ne laisse passer un neutron que si sa vitesse est très proche d'une valeur imposée, *donc* le neutron avait cette vitesse. *Puisqu*'on connaît la vitesse du neutron et *puisqu*'on sait que le proton était pratiquement immobile dans la cible, on peut calculer la cinématique de la réaction en fonction de l'énergie de liaison du deutéron. C'est *pourquoi* l'énergie du photon permet de connaître cette énergie de liaison. »

Tout le langage de la physique expérimentale est empli de raisonnements semblables à celui-ci, parfois informulés tant ils sont habituels et parfois élaborés parce qu'ils sont essentiels à la signification de l'expérience. Nous avons souligné les nombreuses chevilles qui apparaissent dans le raisonnement au travers des expressions « si... alors, ainsi, par conséquent, or, donc, puisque, pourquoi » qui les parsèment. Mais quelle est donc la logique sous-jacente à ce langage alors qu'il porte pour une grande part sur des choses ou des événements invisibles *dont l'existence et les propriétés sont justement déduites du raisonnement* ?

Les éléments de la logique

Cette question simple a été résolue par le présent auteur et l'on n'indiquera que la trame de la réponse[15]. La logique repose sur un petit nombre de notions. Elle envisage des « propositions » relatives à un certain « champ de discours », qui peut être celui de l'algèbre, du droit international ou de la physique quantique. Admettons sans finasseries que nous sachions ce que sont ces propositions. Une règle logique fondamentale les concernant est celle du « tiers exclu » : une proposition ne peut être que vraie ou fausse.

On admettra que les propositions qui décrivent logiquement une expérience sont des histoires formant une famille consistante ou que ces propositions expriment des propriétés figurant dans ces histoires. Notons au passage que ce n'est pas une affirmation péremptoire qui signifierait que telle est l'unique façon de comprendre la physique quantique, mais il est essentiel de s'assurer rigoureusement de l'existence d'au moins une façon logique de le faire et notre seule ambition est de montrer cette existence.

Précisons donc cette logique. Elle s'appuie sur trois opérations de base dont les traductions verbales sont « non, et, ou ». La négation associe à une proposition *a* son contraire non-*a*, les deux autres opérations associant deux propositions (*a*, *b*) pour former les propositions « *a* et *b* » et « *a* ou *b* », avec des règles précises quant à leur usage (l'informatique et les mathématiques reposent en grande partie sur ces notions). Dans le cas de la mécanique quantique, une des difficultés rencontrées par Von Neumann était de donner un sens à la proposition « *a* et *b* », quand *a* et *b* étaient représentées par deux projecteurs ne commutant pas. C'était l'obstacle qui allait engendrer toute la recherche sur les logiques « alternatives », excluant diverses règles de la logique classique et que nous voulons éviter. Il est possible en effet d'éviter ces extrémités et de s'en tenir à la logique ordinaire, classique, standard ou aristotélicienne, de quelque nom qu'on veuille l'appeler, à condition de procéder différemment de Von Neumann.

Dans le cas des histoires, on prend toujours soin de n'introduire que des projecteurs commutables dans les diverses histoires, au même instant. La difficulté précédente ne pourrait alors provenir que du fait que deux projecteurs $E_1(t_1)$ et $E_2(t_2)$ relatifs à des propositions *a* et *b* à des temps différents ne commutent pas. Mais la physique quantique est probabiliste et il suffit de pouvoir définir une probabilité $p(a$ et $b)$ pour donner un sens à *a* et *b*. Pour cela, il suffit de considérer l'ensemble de toutes les histoires qui contiennent à la fois $E_1(t_1)$ et $E_2(t_2)$ et de faire la somme de leurs probabilités. Cette somme jouit bien de toutes les propriétés d'une probabilité quand les conditions de consistance sont satisfaites. Il en va de même de la proposition « *a* ou *b* », pour laquelle on fait la somme des probabilités des histoires qui contiennent $E_1(t_1)$ ou $E_2(t_2)$, ou les deux. Leur extension est immédiate à des couples de propositions (*a*, *b*) où chacune met en jeu plusieurs propriétés (plusieurs projecteurs), y compris des histoires entières. Il est alors facile de vérifier que toutes les règles axiomatiques de la logique qui mettent en jeu les opérations (et, ou, non) sont compatibles avec les probabilités correspondantes[16].

Les deux derniers outils nécessaires à la logique sont l'identité logique (=) et l'implication ($\rightarrow$), elles aussi régies par un certain nombre de règles. Une d'entre elles ramène l'identité à l'implication en imposant qu'une proposition a possède une signification logique identique à celle d'une proposition b ($a = b$ si et seulement si $a \rightarrow b$ et $b \rightarrow a$). L'implication est, quant à elle, la relation logique qui se traduit verbalement par toutes les expressions du genre « si… alors, par conséquent, donc, puisque, parce que », c'est-à-dire tout ce qui permet de raisonner. Il est facile de satisfaire à toutes les règles de la logique pour toutes les propositions a et b construites à partir des histoires en posant que l'implication $a \rightarrow b$ se ramène à la condition $p(b \mid a) = 1$ pour la probabilité conditionnelle de b lorsque a est donnée. En reprenant la formule habituelle de cette probabilité conditionnelle,

$$p(b \mid a) = p(a \text{ et } b)/p(a),$$

la justification de l'implication $a \rightarrow b$ se ramène ainsi à la vérification de l'équation

$$p(a \text{ et } b) = p(a). \qquad (6.13)$$

Il n'est sans doute pas nécessaire de développer davantage ces considérations de logique élémentaire pour se convaincre qu'elles transforment effectivement le langage descriptif des histoires en un langage explicatif fiable, muni d'une armature logique incontestable, puisque c'est celle d'une logique standard universellement acceptée.

L'origine des paradoxes

Une condition essentielle à cette construction logique est d'éviter que des écarts de langage ne conduisent à fonder par mégarde un raisonnement sur *plusieurs* familles d'histoires incompatibles (on dit que deux familles consistantes sont incompatibles s'il n'existe pas de famille *consistante* plus large incluant les histoires de ces deux familles). Il est clair alors que la description ou le raisonnement n'aurait plus de base assurée et deviendrait un non-sens. En fait, c'est l'erreur de loin la plus fréquemment commise et c'est pour l'éviter que les spécialistes ont appris à châtier leur langage bien avant l'invention des histoires (ne dit-on pas qu'un bon spécialiste se juge par sa connaissance de toutes les erreurs, y compris celles qu'il a lui-même commises). Néanmoins, ce langage « physiquement correct » ne suffit pas à éviter complètement les paradoxes, seule jusqu'ici la méthode des histoires y est parvenue.

Le rôle de la décohérence

Le paradoxe de chat de Schrödinger était un des problèmes logiques aigus qui s'opposèrent longtemps à la compréhension de la physique quantique. On a vu qu'il n'a cédé qu'avec la découverte de la décohérence, sans que les histoires n'interviennent. Murray Gell-Mann et James Hartle en ont tiré la leçon en soulignant que les conditions de consistance (6.10) résultent en général de la décohérence dans des cas réalistes.

Cette remarque a des conséquences importantes. Supposons par exemple qu'un objet quantique soit dans un état de superposition de deux états 1 et 2, associés respectivement à deux valeurs a_1 et a_2 d'une observable A. Un appareillage macroscopique S mesure cette observable et subit la décohérence. *Il ne reste plus alors aucun souvenir accessible, aucune trace, de la superposition initiale.* En effet, si l'on parvenait à faire apparaître une telle trace, l'appareillage S se révélerait dans un état de superposition macroscopique, du type « chat de Schrödinger ». Mais on a vu que, bien que cela soit concevable mathématiquement, c'est irréalisable, même en principe. Un état qui a subi une décohérence suffisamment complète ne revient jamais sur son passé et il en va de même des états des objets microscopiques qui ont interagi avec lui lors d'une mesure. C'est pour cette raison que les résultats des mesures permettent de justifier les conséquences innombrables qu'on en déduit, y compris les descriptions des phénomènes invisibles et les explications qu'elles apportent.

Le paradoxe d'Einstein, Podolsky et Rosen

On ne saurait trouver de meilleur exemple de l'intérêt de règles logiques exigeantes que l'examen du plus connu des exemples. Il s'agit d'une expérience de pensée que l'on doit à Einstein, Podolsky et Rosen[17].

L'expérience EPR

Un système physique est composé de deux particules 1 et 2 et l'on suppose que l'espace où elles se meuvent n'a qu'une dimension, pour simplifier l'écriture. Les valeurs possibles des positions des deux particules sont désignées par x_1 et x_2 et, de même, les valeurs possibles des impulsions sont p_1 et p_2. L'état initial du système est donné par une fonction d'onde

$$\phi(x_1 + x_2)\Phi(p_1 - p_2), \qquad (6.14)$$

où les deux fonctions ϕ et Φ sont des fonctions gaussiennes très étroites (Einstein, Podolsky et Rosen leur supposaient en fait des largeurs nulles et prenaient des fonctions delta au lieu de gaussiennes). Notons que l'expression (6.14) représente bien une fonction d'onde car on peut l'écrire aussi sous la forme $\phi(x_1 - x_2)\tilde{\Phi}(x_1 + x_2)$, où la fonction $\tilde{\Phi}$ est la transformée de Fourier de Φ qui est également une fonction gaussienne, mais très large.

Le principe de l'expérience est le suivant. On mesure la position de la première particule et l'on trouve une valeur $x_1 = a$. Compte tenu de la largeur négligeable de la fonction d'onde ϕ, on en déduit que la position de la particule 2 est alors en un point bien déterminé de l'espace, d'abscisse $x_2 = -a$. On mesure immédiatement, avant que rien n'ait eu le temps de se passer, l'impulsion de cette particule 2 et l'on trouve une certaine valeur $p_2 = b$. Il semble alors qu'on soit parvenu à connaître à la fois la position et l'impulsion de la particule 2, en violation des relations d'indétermination. Ce résultat surprenant est souvent appelé « paradoxe EPR ».

Cette expérience « EPR » a connu une longue histoire. Ses auteurs l'avaient conçue comme une critique de la théorie quantique qu'ils supposaient incomplète, en entendant par là qu'il serait probablement nécessaire de la compléter par d'autres lois encore inconnues. Ils soulevaient aussi par la même occasion la question philosophique du réalisme, appelée de même à de longs débats. Ils soutenaient à ce propos que la position de la particule 2, connue sans avoir été mesurée directement, constituait un « élément de réalité », une donnée qui devait trouver son explication et sa place dans la théorie. L'idée fut reprise et reformulée par David Bohm, en 1951, en faisant appel à des observables de spin non commutables, au lieu des positions et des impulsions. Cela permettait en principe de réaliser l'expérience, car la fonction d'onde (6.14) était évidemment impossible à produire dans la pratique. C'est sous la forme donnée par Bohm que John Bell reprit la question en 1964, afin de réexaminer la possibilité de « variables cachées » dont l'existence aurait pu être une clef des lois inconnues attendues par Einstein, Podolsky et Rosen. L'expérience d'EPR-Bohm-Bell fut enfin réalisée par Alain Aspect, en 1982, sans révéler aucune contradiction avec les lois quantiques. Tout cela constitue une histoire passionnante, mais qui n'entre pas dans notre sujet actuel et qu'on laissera donc de côté.

On se bornera à examiner le paradoxe de l'expérience de pensée initiale, si élégante, si simple et si bien dans la manière d'Einstein, pour montrer comment la méthode des histoires y détecte – après coup – une faille logique difficilement décelable à l'époque, même si Bohr l'avait signalée sans emporter la décision.

*Analyse du paradoxe**

L'astérisque placé en tête de cette section signale, comme à l'ordinaire, un contenu plus technique que l'ensemble du texte. On peut se dispenser de le lire ou en omettre le détail et il n'a été introduit ici que pour donner un autre exemple important d'application effective de la méthode des histoires.

On pourrait en retirer l'impression, d'ailleurs indéniable, que le langage des histoires est beaucoup plus lourd que le langage explicatif qu'il a charge de justifier. Un ouvrage bilingue, qui comporterait un texte en langage explicatif sur la page de gauche et sa traduction en histoires sur la page de droite laisserait beaucoup d'espaces blancs sur la gauche. C'est pourquoi le rôle des histoires n'est pas de servir de langage unique, mais d'intervenir seulement quand on s'interroge sur la validité du langage explicatif dans un cas précis. On est bien dans ce cas avec l'expérience EPR et l'on va voir quel travail attentif cela représente.

Commençons par traduire le langage employé par EPR dans le formalisme des histoires. L'état initial $\rho(0)$ est un état pur, connu par la fonction d'onde (6.14). La mesure de la position de la particule 1, effectuée à un certain instant t_1, est traduite par un projecteur $E_1(t_1)$ localisant la position au point a. La propriété de localisation de la particule 2, dont la signification constitue évidemment la clef du litige, est donnée par un projecteur $E_2(t_2)$, où le temps t_2 est pris très proche de t_1. En agissant sur des fonctions d'onde dépendant de x_2, ce projecteur sélectionne leur valeur au point $x_2 = -a$, sur laquelle il les projette. En toute rigueur, il faudrait que la fonction ϕ ait une largeur non nulle pour que la fonction d'onde (6.14) soit normalisable et que la matrice densité $\rho(0)$ existe. Cela affecterait légèrement la prédiction de la position de la particule 2 à partir de celle de la particule 1, mais ce raffinement ne ferait que compliquer l'analyse et les calculs, sans rien changer d'important sur le fond. On l'ignorera.

La mesure de l'impulsion de la particule 2 a lieu à un instant ultérieur t_3, lui aussi très proche de t_2 et t_1, avec le résultat $p_2 = b$. Celui-ci est décrit à son tour par un projecteur $F_3(t_3)$ projetant sur le vecteur propre de l'observable d'impulsion P_2 de la particule 2 associé à la valeur propre b. Tous les raisonnements peuvent être développés, comme Einstein, Podolsky et Rosen le faisaient, en supposant les trois temps t_1, t_2 et t_3 extrêmement proches, mais il est important de distinguer t_2 et t_3 dans le formalisme des histoires, pour ne pas introduire deux projecteurs non commutables, qui seraient par exemple $E_2(t_3)$ et $F_3(t_3)$ au même instant t_3. Ce genre de précaution alourdit évidemment le langage des histoires quand on le compare à un langage explicatif purement verbal, mais c'est le prix qu'il faut payer pour mettre au jour des écarts de raisonnement implicites et subtils.

Plus lourde encore est la mise en place d'une famille complète d'histoires qui rende compte de la description de l'expérience et du raisonnement déployé par EPR. Elle met en jeu trois temps différents et l'on peut se contenter de considérer la famille la plus simple, qui englobe toutes les propositions entrant dans le problème, en les acceptant ou en les niant, grâce aux projecteurs déjà introduits et à leurs complémentaires (on démontre aisément que toute famille moins économe dans ses hypothèses conduirait à des conclusions identiques). Les histoires de cette famille sont alors :

$$h_1 = (E_1(t_1)E_2(t_2), F_3(t_3)), \quad h_2 = (\bar{E}_1(t_1)E_2(t_2), F_3(t_3)),$$
$$h_3 = (E_1(t_1)\bar{E}_2(t_2), F_3(t_3)), \quad h_4 = (\bar{E}_1(t_1)\bar{E}_2(t_2), F_3(t_3)),$$
$$h_5 = (E_1(t_1)E_2(t_2), \bar{F}_3(t_3)), \quad h_6 = (\bar{E}_1(t_1)E_2(t_2), \bar{F}_3(t_3)),$$
$$h_7 = (E_1(t_1)\bar{E}_2(t_2), \bar{F}_3(t_3)), \quad h_8 = (\bar{E}_1(t_1)\bar{E}_2(t_2), \bar{F}_3(t_3)). \tag{6.15}$$

On est ainsi en présence d'une famille complète d'histoires $h_\alpha (\alpha = 1, 2, ..., 8)$. On peut former les opérateurs d'histoires C_α et écrire les conditions de consistance (6.10). On constate alors que ces conditions sont vérifiées. On peut aussi calculer la probabilité conditionnelle pour que la donnée de la position de la particule 1 à l'instant t_1 implique logiquement celle de la particule 2 à l'instant t_2 et l'on constate que c'est bien le cas. Qu'est-ce à dire ? Cela signifierait-il que le raisonnement explicatif de l'article EPR était incontestable ? Mais il faut regarder la question de plus près encore.

Le premier stade des résultats

On vient de constater que le raisonnement d'Einstein, Podolsky et Rosen était correct du point de vue des histoires. Le seul sujet de trouble apparaît quand on remarque qu'on aurait pu raisonner différemment, en disant que la mesure de l'impulsion de la particule 2 à l'instant t_3 impliquait que la valeur de son impulsion à l'instant t_2, immédiatement antérieur, avait déjà la valeur trouvée. On constate alors que des calculs analogues aux précédents confirment cette conjecture. Il y a donc vraiment un paradoxe, puisque ces deux raisonnements quasiment identiques conduiraient à connaître exactement la position et l'impulsion de la particule 2 au même instant, en contradiction avec les relations d'indétermination d'Heisenberg !

On pourrait tenter d'échapper au paradoxe en tenant compte de l'ordre des temps. La mesure à l'instant t_1 étant la première, il était légitime d'en tirer des conclusions pour la suite. En revanche, on peut se demander si la mesure faite à l'instant t_3 permet vraiment d'en tirer des conclusions sur une situation antérieure. Cet argument présente aussi une faille. EPR ne parlaient de mesures qu'en des termes assez vagues et la traduction qu'on vient d'en donner par des histoires est elle aussi imprécise. Rien n'y indique explicitement que deux des propriétés introduites, la connaissance initiale de la position de la particule 1 et la connaissance finale de l'impulsion de la particule 2, proviennent vraiment de deux mesures. Elles auraient pu tout aussi bien être présentées sous la forme : « On imagine connaître ces deux propriétés », ce qui serait beaucoup plus proche du contexte.

L'invariance des principes de la mécanique quantique par inversion du temps met alors les deux raisonnements litigieux sur un pied d'égalité. Aucun des deux n'est préférable à l'autre et le mystère n'a fait que s'épaissir. Moralité : il faut encore creuser davantage.

Mesures, décohérence et vérité

Le stade suivant ne peut être qu'une prise en compte plus attentive de ce qui distingue une véritable mesure d'une assertion gratuite. Il faudrait faire intervenir pour cela deux appareils, S_1 et S_2, qui effectueraient respectivement les deux expériences successives. Les deux propositions quantiques (particule 1 de position a au temps t_1 et particule 2 d'impulsion b au temps t_2) seraient alors liées, dynamiquement, à des propriétés macroscopiques des deux appareils. On peut heureusement se dispenser de discuter en détail ces corrélations entre les particules et les appareils et éviter d'expliciter les projecteurs supplémentaires associés aux données des appareils, car cela ne ferait que répéter des discours déjà tenus à propos de la décohérence. Voyons donc seulement l'essentiel.

L'essentiel réside dans la décohérence. Les appareils S_1 et S_2 sont macroscopiques et soumis à cet effet. C'est ce qui distingue leurs propriétés des suppositions arbitraires. C'est aussi ce qui donne une signification explicite à l'ordre temporel dans lequel les deux mesures se succèdent.

La réponse donnée par Bohr à l'article d'Einstein, Podolsky et Rosen s'appuyait sur une idée centrale dans sa pensée. Seuls les faits pouvaient être dits *vrais*, selon lui. De plus, un fait, pour être constaté, devait absolument se manifester à une échelle macroscopique, visible, classique. Tout ce qui n'était pas de l'ordre des faits demeurait virtuel, simple habillage verbal d'une hypothèse mathématique dépourvue de réalité physique.

Il y avait beaucoup de postulats et une certaine dose de flou dans cette vision de Bohr. Où se situait, par exemple, la frontière entre le microscopique et le macroscopique ? Pouvait-on être certain qu'un objet macroscopique se comportât toujours de manière classique ? On a vu plus haut que la décohérence apporte une réponse à ces questions, qui sera d'ailleurs précisée dans le prochain chapitre consacré à la physique classique. Pour l'instant, on se contentera de reformuler la pensée de Bohr en posant la règle suivante : *un fait est une propriété macroscopique, bien séparée de toute autre possibilité analogue par l'effet de décohérence.*

Cela introduit automatiquement un sens du temps, comme on l'a déjà signalé. La notion du vrai apparaît aussi plus précise. Supposons en effet qu'un appareil montre une propriété a ayant tous les caractères d'un fait, c'est-à-dire macroscopique et décohérente, comme l'enregistrement d'une détection par un compteur Geiger. D'autres faits auraient pu être envisagés comme possibles, par exemple le fait b selon lequel le compteur n'aurait rien détecté et rien enregistré. On peut alors introduire une fonction de vérité prenant les valeurs 1 pour « vrai » et 0 pour « faux ». Il y a autant de fonctions de vérités que de résultats possibles de la mesure, exprimées mathématiquement par les valeurs propres 1 ou 0 des projecteurs qui traduisent les différents enregistrements. La diagonalité de la matrice densité réduite, après décohérence, signifie que la valeur « vrai » pour l'une d'elles entraîne la valeur « faux » pour toutes les autres.

L'intérêt de cette formulation est de relier directement la notion de vrai aux principes quantiques, grâce à l'existence de l'effet de décohérence. Rappelons une fois encore à cette occasion que le caractère objectif de la décohérence, et donc aussi celui de la notion de vrai, repose sur la distinction de principe entre les expériences réalisables et celles qui ne sont que concevables. Après avoir ainsi rattaché la pensée de Bohr aux premiers principes, nous pouvons maintenant reprendre sa réponse aux auteurs de l'article EPR.

Les « éléments de réalité » EPR ne sont pas vrais.

Revenons au point où nous en étions resté, à la différence que, maintenant, les mesures dont on ne faisait que parler de manière vague sont attestées par la décohérence. À première vue cependant, rien n'a changé. On a toujours deux familles d'histoires dont l'une permet de conclure à la connaissance de la position de la particule 2, grâce à une implication déduite de la première mesure, l'autre attestant la connaissance de son impulsion à partir du résultat de la seconde mesure. On ne voit pas pourquoi la logique ne serait pas également valable dans ses prédictions du futur et ses reconstructions du passé et l'on est toujours devant un paradoxe.

La réponse au dilemme a été apportée par une analyse de la notion de vrai par Faye Dowker et Adrian Kent[18]. On prend pour règle qu'une proposition ne peut être tenue pour vraie par une implication déduite des faits que si cette implication ne dépend pas du choix des histoires qui décrivent l'expérience, c'est-à-dire du contexte. Il va de soi, évidemment, que ces histoires doivent inclure les faits. Le résultat que Dowker et Kent obtiennent alors est très révélateur : il n'existe pas de propositions vraies en dehors des faits eux-mêmes !

Ainsi, on ne saurait tenir pour vraie la propriété exprimant que la connaissance de la position de la particule 2 à l'instant t_2 dérive du fait de la première mesure, puisque, dans l'autre famille d'histoires où l'on déduit l'impulsion de la même particule à partir de la seconde mesure, la propriété de la position à cet instant t_2 ne peut même pas être formulée.

Nous n'irons pas plus loin dans la discussion du paradoxe EPR, sauf pour conclure que les « éléments de réalité » qui avaient été mis en avant ne peuvent pas être tenus pour vrais, ni donc pour réels. Il faut évidemment prendre garde de préciser que cette conclusion suppose explicitement que le langage explicatif de la physique trouve sa justification dans la logique des histoires et que son objectivité repose sur la distinction entre les expériences réalisables ou purement conceptuelles, c'est-à-dire accessibles ou inaccessibles.

Un code d'interprétation

On peut résumer ce qui précède par un code de comportement précisant les conditions et les conséquences du langage explicatif de la physique quantique. En effet, à cause du caractère abstrait des lois quantiques, il est indispensable de décrire et d'expliquer les expériences en recourant au langage ordinaire, cet usage étant toujours justifiable par les principes quantiques en s'appuyant si nécessaire sur la logique des histoires. En revanche, il est très souvent possible d'éviter de passer par ce détour des fondements théoriques en prenant garde d'user d'un langage prudent et averti, « physiquement correct ». Quoi qu'il en soit, le recours aux histoires consistantes permet toujours de régler les cas délicats en respectant le code suivant.

Un raisonnement ne doit jamais s'appuyer que sur une famille d'histoires unique et consistante, sinon la description et les conséquences qu'on en tirerait pourraient se révéler contraires à la logique.

Hormis le cas de certaines expériences de pensée, pour qu'une description d'expérience soit valable et complète, elle doit toujours donner des précisions suffisantes sur l'appareillage utilisé, sa disposition, son fonctionnement, et l'énoncé des faits constatés.

Quand cette description est étendue à une expérience de pensée, soit qu'on la conçoive en vue d'un projet ou qu'on l'envisage dans un but d'explication, il peut s'avérer nécessaire de justifier par la logique cette description ou cette explication. Pour cela, tout fait énoncé, qu'il soit réel ou possible, doit être attesté par un effet de décohérence irréversible, de sorte qu'il puisse être tenu sans ambiguïté pour vrai ou pour faux.

Il arrive très souvent qu'on doive aussi s'appuyer sur la physique classique, en particulier pour décrire les propriétés et le fonctionnement des appareils. Cet usage est légitime et il sera précisé, justifié, et encadré dans le chapitre suivant.

Les paradoxes de la mécanique quantique

Les pièges dans lesquels le langage explicatif peut tomber sont assez peu nombreux, fort heureusement, mais des paradoxes de ce genre sont apparus à diverses reprises et ont suscité des soupçons persistants sur la cohérence de la mécanique quantique.

On peut citer le cas des expériences à choix retardé, où un expérimentateur aux réactions tardives ne décide qu'au tout dernier moment de boucher ou non, aléatoirement, un des bras d'un interféromètre.

Il y a les mesures indirectes où l'on ne découvre une propriété d'un système quantique que parce qu'une mesure n'a pas montré de résultat.

Il y a le paradoxe d'Aharonov et Vaidman, où une erreur d'appréciation pourrait provoquer l'explosion d'une bombe ; le même paradoxe pouvant être aussi présenté comme une partie de bonneteau à trois paquets de cartes.

Il y a aussi le paradoxe d'Hardy, où la réalisation d'une paire de propriétés (a, b) semblerait avoir une probabilité nulle, ou plus grande que 1/2, selon la manière dont on analyse une certaine expérience idéale d'interférométrie.

Je n'en dirai pas davantage car, jusqu'à preuve du contraire, cette époque des paradoxes appartient à un passé révolu. Ces énigmes s'évanouissent toutes en effet quand on respecte le code qui vient d'être donné, c'est-à-dire quand on s'assure que les termes employés et la situation imaginée sont conformes aux principes quantiques. Une autre raison pour ne pas entrer dans les détails tient au fait que l'examen de chacun de ces paradoxes, soulevé par des auteurs à l'esprit aiguisé, réclame une analyse soigneuse dont on a vu un exemple dans le cas du paradoxe EPR, où nous ne sommes pas entré dans les calculs. Je renverrai donc les lecteurs sur ce sujet à l'excellent livre de Robert Griffiths[19] dont la conclusion pourrait s'énoncer ainsi : *Il n'y a aucun paradoxe en physique quantique.*

CHAPITRE 7

L'émergence
de la physique classique

Longtemps, la physique quantique a paru en rupture avec la physique classique, comme on le voit dans le tableau ci-dessous qui rappelle leurs divergences.

	Physique classique	Physique quantique
1. Niveau d'échelle	macroscopique	universel
2. Les grands principes	continuité	Principe de superposition
3. Interférences	seulement en optique	omniprésentes sauf en cas de décohérence
4. Sens du temps	irréversible sauf en l'absence de frottement	réversible sauf en cas de décohérence
5. Quantités physiques – Description mathématique – Dynamique – Valeurs mesurées	variables réelles par des fonctions $f(q, p)$ commutables principes de Newton des nombres	observables par des opérateurs non commutables équation de Schrödinger des nombres
6. Mode de causalité	déterminisme	hasard absolu
7. Statut de la réalité physique	unique	problématique

Nous avons déjà eu l'occasion de commenter les rangées 3 et 4 de ce tableau, pour constater que les caractères classiques correspondants (absence d'interférences macroscopiques, irréversibilité du temps) étaient en fait des conséquences des principes quantiques à travers la décohérence. Cela ne laisse pas moins des différences si profondes entre les deux formes de physique que tout ce chapitre devra être consacré à l'éclaircissement de leur cohérence sous-jacente.

Aspects historiques

Ces questions difficiles sont apparues dès l'origine de la physique quantique et l'ont accompagnée pendant près d'un siècle. Elles ont donc une histoire qu'il ne sera pas inutile de rappeler dans ses grandes lignes, à titre d'orientation. La relation entre les formes quantiques et classiques de la physique apparaissait déjà dans l'article fondateur où Bohr introduisait le premier modèle quantique de l'atome, en 1913. Son argumentation s'appuyait en partie sur ce qu'il appellerait plus tard un « principe de correspondance » dont l'énoncé fut toujours assez vague, même s'il apporta quelques résultats notables dans la pratique. Dans sa formulation la plus claire, ce principe posait que les lois quantiques devaient tendre vers leurs homologues classiques quand la constante de Planck devenait négligeable devant les ordres de grandeur des autres quantités mises en jeu.

On discuta beaucoup à cette occasion d'une « frontière d'Heisenberg » qui aurait séparé les deux physiques, les caractères quantiques et classiques débordant un peu des deux côtés en se transformant les uns dans les autres. On opposa aussi les deux formes de physique sur le fond, en particulier lorsque Bohr posa un nouveau principe réservant le concept de vérité aux faits constatables, c'est-à-dire au domaine classique, mais sans séparer complètement les deux physiques puisque les relations d'indétermination devaient être universelles (comme on l'a indiqué à propos de l'expérience idéale de Bohr dans le chapitre 3). La situation restait donc dans l'ensemble confuse.

Les premiers travaux théoriques sur le sujet remontent aux années 1930. Un théorème dû à Paul Ehrenfest montra qu'un paquet d'onde suit de près une trajectoire classique dans des conditions où le principe de correspondance s'applique, c'est-à-dire quand la constante de Planck peut être tenue pour petite devant l'action classique. Des études plus précises s'ajoutèrent peu à peu à ce résultat et la correspondance entre les deux formes de dynamique, classique et quantique, finit par ne plus susciter d'interrogations sérieuses, sans être cependant véritablement démontrée ni son domaine bien circonscrit.

D'autres questions figurant dans notre tableau trouvaient aussi peu à peu leurs réponses. Le passage des observables non commutables à des variables dynamiques classiques fut éclairci par deux contributions marquantes d'Eugène Wigner en 1932 et d'Hermann Weyl en 1950. L'opposition apparemment radicale entre le déterminisme classique et le hasard quantique absolu demeura plus longtemps un problème. Il ne céda que vers la fin du siècle, grâce à une multitude d'attaques venues de la décohérence, de la logique des histoires et d'outils nouveaux et puissants créés en physique ou importés des mathématiques.

La vision d'ensemble de la physique avait beaucoup changé entre-temps et l'ambition des théoriciens ne se limitait plus à raccorder les deux types de physique, mais à dériver et à *démontrer* tous les aspects des lois classiques en partant directement des principes quantiques. Ce programme est pratiquement achevé maintenant et tant de physiciens et de mathématiciens y ont contribué que l'on ne peut songer à les nommer tous. C'est une œuvre d'analyse et de réflexion largement collective qu'on essaiera de décrire dans ce chapitre en insistant surtout sur ses aspects conceptuels.

Quelques repères conceptuels

La matière est faite d'atomes, eux-mêmes constitués de particules. Un système macroscopique apparaît donc à première vue comme un système quantique à très grand nombre de degrés de liberté. Comment se fait-il alors que les lois et les concepts apparaissent aussi différents selon l'échelle ? S'il est vrai que la physique classique appartient à la physique quantique, c'est du côté des concepts qu'il faut rechercher leur parenté. Les études théoriques ont montré que cette pierre de touche résidait dans des relations mathématiques et c'est pourquoi ce chapitre sera plus proche des mathématiques qu'aucun de ceux qui l'ont précédé. On commencera donc par quelques repères.

Les histoires de Feynman

Dès le début de ce livre, nous avons rencontré les histoires de Feynman et l'amplitude de probabilité $G(x, 0 ; y, t)$ pour qu'une particule partie du point x au temps 0 soit au point y au temps t. Celle-ci était donnée par la formule (1.20), figurant dans les notes du chapitre 1 :

$$G(x, 0 ; y, t) = \int \exp\{iS/\hbar\} \prod_{t'=0}^{t} dx(t')dp(t')/(2\pi\hbar)^3. \qquad (7.1)$$

La quantité S qui figure dans l'exponentielle est l'action le long du chemin, dans sa version classique où les variables $(x(t'), p(t'))$ apparaissent sous la forme :

$$S = \int_{0}^{t} p(t')dx(t') - h(x(t'), p(t'))dt',$$

où $h(x, p)$ est la fonction d'Hamilton classique. Dans le cas d'une particule non relativiste, cette fonction ne dépend de l'impulsion que par un terme d'énergie cinétique $p^2/2\,m$ et il est possible d'intégrer explicitement sur les variables $p(t')$ pour donner à l'amplitude la forme :

$$G(x, 0 ; y, t) = \int \exp\{iS/\hbar\} \prod_{t'=0}^{t} Adx(t'), \qquad (7.2)$$

où A est un facteur de normalisation complexe et l'action a maintenant la forme familière d'une intégrale sur la fonction de Lagrange $L(x, dx/dt)$:

$$S = \int_0^T L(x(t), dx(t)/dt)dt. \qquad (7.3)$$

Ce genre de « somme sur les histoires de Feynman » est un exemple des mathématiques nouvelles auxquelles on faisait allusion plus haut. Le concept, créé pour les besoins de la physique, s'est révélé d'une extraordinaire fécondité, jusque dans les mathématiques pures, sans pourtant que les mathématiciens aient encore réussi à l'englober dans leur théorie générale de l'intégration, c'est-à-dire dans le cadre de la théorie des ensembles. La forme nouvelle de la dynamique quantique avait des conséquences immenses. Tout d'abord, comme on l'a déjà vu, on pouvait en déduire l'équation de Schrödinger. On pouvait aussi l'étendre à des systèmes physiques très généraux, en particulier aux champs de l'électrodynamique quantique et, plus tard, à ceux du modèle standard. L'invariance relativiste (y compris celle de la relativité générale) résultait de l'invariance de l'action dans les changements de référentiel. En outre, les méthodes du calcul de perturbation devenaient plus claires et presque intuitives, grâce à certaines « règles de Feynman » dérivées des intégrales sur les histoires.

La relation entre les concepts classiques et quantiques se révélait en outre extrêmement profonde, puisque des formules comme (7.1) ou (7.2) ne faisaient intervenir que des notions classiques, tout en ajoutant les contributions complexes des diverses histoires selon le principe de superposition. Ainsi un pont pouvait-il s'établir entre les deux physiques au travers de leurs mathématiques.

Pour ne donner qu'un exemple de la puissance des concepts quantiques dans la clarification de la physique classique, nous citerons le cas du principe de moindre action. Il figurait à la base de la mécanique analytique de Lagrange et d'Hamilton, mais on ne comprenait pas son origine et il restait profondément mystérieux dans son domaine classique. La formule (7.3) l'explique en revanche, bien que nous nous contentions ici d'une discussion intuitive.

Soit un chemin $x_c(t')$ pour lequel l'action est stationnaire, prenant par exemple une valeur minimale. Une petite variation de l'histoire $x(t') \rightarrow x_c(t') + \delta x(t')$ modifie très peu la valeur de l'action au voisinage de son minimum, de sorte qu'un très grand nombre d'histoires donnent des contributions très voisines à l'amplitude, qui interfèrent constructivement alors que toutes les autres ont tendance à interférer de façon destructive (leurs contributions sont des nombres complexes aux phases diverses). La probabilité pour que la particule (ou plus généralement le système) suive le chemin stationnaire, classique, domine donc dans les conditions où la constante de Planck est petite devant les quantités mises en jeu, c'est-à-dire dans des conditions classiques. Voilà donc un premier mystère éclairci, et non des moindres, indiquant qu'en remontant aux principes quantiques, on peut beaucoup apprendre sur la physique classique.

D'autres outils mathématiques

Nous utiliserons peu les histoires de Feynman dans ce chapitre, ou plutôt elles resteront sous-jacentes à quelques résultats qui seront utilisés. En revanche, un autre outil s'est révélé essentiel dans l'étude de la correspondance et nous aurons à en faire usage. Il s'agit d'une branche des mathématiques qui s'est développée au début des années 1960. On l'appelle indifféremment « analyse microlocale » ou « calcul pseudo-différentiel » et nous en décrirons bientôt quelques éléments.

D'autres idées récentes sont également liées aux problèmes de la correspondance, en particulier la méthode des « ondelettes » et celle des « états cohérents », dans lesquelles nous n'entrerons pas. Il y a de nombreux recoupements entre toutes ces théories et ces méthodes, ce qui montre bien que la correspondance entre les formes classiques et quantiques de la physique représente bien plus qu'une propriété spécifique, elle constitue à la fois une ligne de crête des lois physiques et un concept récurrent dans l'analyse mathématique.

La nature probabiliste du déterminisme

Un autre problème conceptuel qu'il fallait dénouer fut celui du déterminisme, dont la principale difficulté était de bien le poser. Il était souvent posé en des termes philosophiques et les philosophes s'en sont d'ailleurs emparés pour leur propre gouverne en opposant deux absolus avec, d'une part, un déterminisme indissociable du principe philosophique de causalité et, d'autre part, le hasard absolu quantique. Cette voie n'a conduit qu'à des gloses stériles en faisant oublier que le déterminisme ne s'était pas imposé en science pour des raisons philosophiques. Chez Laplace, il apparaissait comme une propriété des équations différentielles de la dynamique, appliquées en particulier au mouvement des astres, et c'est par un nouveau recours à des concepts mathématiques que son opposition au probabilisme quantique a pu être dépassée.

La clef de la solution était remarquablement simple. Elle consistait à reformuler le déterminisme dans un cadre probabiliste quantique. Ainsi, au lieu d'affirmer avec certitude qu'une pierre lâchée du haut de la tour de Pise tombe au sol à la verticale, il suffit de s'assurer que la probabilité qu'il n'en soit pas ainsi est extrêmement faible. Cela revient, de façon générale, à reformuler le déterminisme dans un cadre probabiliste, comme une propriété macroscopique dont la probabilité d'erreur est entièrement négligeable. Si c'est le cas, la causalité et le déterminisme restent valables en physique classique, sans modification appréciable[1]. En revanche, cette révision minime pour la physique constituait une véritable révolution en philosophie en ôtant son statut d'absolu au principe de causalité. Les lois physiques prenaient la place ainsi laissée vide, mais cela nous éloigne de notre sujet.

Observables et variables dynamiques

La première étape d'une dérivation de la physique classique à partir des principes quantiques consiste à préciser de quoi l'on parle. Pour cela, il faut concilier deux conceptions des quantités physiques, avec d'un côté des observables et de l'autre des positions et des vitesses. En principe, les premières devraient se transformer dans les secondes en passant du niveau quantique au niveau classique. Le problème est d'une grande complexité, comme on le verra à mesure qu'il se déploiera, aussi commencerons-nous par l'envisager sous son angle le plus mathématique. Nous avons déjà constaté que la clarification du langage est utile dans ces sujets et nous allons chercher une correspondance entre ces deux langages mathématiques, c'est-à-dire une traduction permettant de passer de l'un à l'autre.

Le langage mathématique de la physique quantique est celui des espaces d'Hilbert où les quantités physiques sont représentées par des observables, qui ne commutent pas en général. En physique classique, les mêmes quantités physiques, ou du moins des concepts auxquels on donne le même nom, se réfèrent à des coordonnées décrivant le système et à des moments associés, si l'on adopte la représentation utilisée depuis Lagrange et Hamilton. Pour ne pas introduire de complications inutiles, nous nous restreindrons à un seul exemple explicite, celui d'un point matériel dans un espace à une dimension où ces quantités se réduisent à la position x et l'impulsion p. Toutes les autres variables dynamiques, comme l'énergie ou le moment cinétique, apparaissent alors comme des fonctions $f(x, p)$ des coordonnées et des moments.

Une première question se pose alors : comment associer des fonctions $f(x, p)$ aux observables quantiques, c'est-à-dire aux opérateurs hermitiens dans l'espace d'Hilbert des états d'une particule ?

Ce problème fut résolu par Wigner et Weyl, comme on l'a déjà mentionné. Le premier pas vers sa solution consistait à remarquer que cette correspondance entre opérateurs et fonctions doit être linéaire ou qu'en d'autres termes, elle préserve l'addition des quantités physiques de même nature et leur multiplication par un coefficient. En effet, il existe de nombreux cas où des quantités physiques s'ajoutent, par exemple des énergies – quand on additionne une énergie cinétique et une énergie potentielle – et de plus, les quantités physiques sont dimensionnelles et leur valeur est multipliée par un facteur numérique quand on change d'unités de mesure. Les deux conditions de la linéarité sont donc bien présentes.

Mais il y a d'innombrables façons d'associer linéairement une fonction à un opérateur. Ainsi, à un opérateur A, on peut associer ses éléments de matrice $A(x, x')$ dans la base des vecteurs propres de la position, ou les éléments $A(p, p')$ obtenus dans la base associée à l'opérateur impulsion. Il faut donc ajouter d'autres conditions pour trouver la correspondance qui convient.

Il semble nécessaire d'associer l'opérateur de position X à la coordonnée de position x et, de même, l'opérateur impulsion P à la quantité classique p. Comme les observables sont des opérateurs hermitiens et que les quantités physiques classiques ont pour valeurs des nombres réels, il faut que la correspondance assure automatiquement cette relation. Cela ne suffit pas cependant à déterminer cette correspondance, il faut chercher d'autres conditions issues de la physique pour y parvenir.

Wigner s'était appuyé pour cela sur la matrice densité, qui est un opérateur. Quoique n'étant pas une observable à proprement parler, il n'en est pas moins hermitien et la correspondance cherchée devait certainement lui associer une quantité classique de la forme $F(x, p)$. Wigner posa comme condition que cette fonction devait présenter les caractères d'une densité de probabilité classique, en ce sens que les distributions de probabilité en x et p devaient être les mêmes sous la forme classique et la forme quantique[2]. Il constata que ces conditions pouvaient être réalisées par une correspondance des éléments de matrice $\rho(x, x')$ avec la fonction $F(x, p)$ donnée par

$$F(x, p) = \int \rho(x + y/2, x - y/2) \exp(- ipy/\hbar) dy. \qquad (7.4)$$

Weyl généralisa ce résultat en associant une fonction $a(x, p)$ à une observable quelconque A sous la forme :

$$a(x, p) = \int A(x + y/2, x - y/2) \exp(- ipy/\hbar) dy, \qquad (7.5)$$

la fonction $A(x, x')$ qui figure dans l'intégrale étant l'élément de matrice déjà mentionné.

La forme de cette correspondance peut surprendre à première vue. Elle n'a pas toute la simplicité qu'on aurait peut-être souhaitée, mais cela tient aux multiples contraintes qui s'imposent à elle et qui sont commentées dans les notes[3].

On appelle la fonction $a(x, p)$ le « symbole » de l'opérateur A. La formule (7.5) peut être inversée pour exprimer les quantités $A(x + y/2, x - y/2)$, c'est-à-dire tous les éléments de matrice $A(x, x')$ comme la transformée de Fourier de $a(x, p)$[4]. Ainsi, la correspondance agit dans les deux sens, elle associe un opérateur à une quantité classique donnée. L'une des plus intéressantes est la fonction d'Hamilton $H(x, p)$ qu'on peut ainsi associer à l'opérateur hamiltonien H. Ajoutons cependant que cette correspondance mathématique est loin d'apporter une identité de propriétés. Certaines quantités classiques régulières peuvent être associés à des opérateurs difficiles à comprendre ; à l'inverse, des opérateurs très simples peuvent ne pas être associés à des fonctions, mais à des distributions (comme la « fonction » delta de Dirac ou ses dérivées). Dans le cas de la fonction de Wigner, ses propriétés dépendent de l'état quantique considéré ; alors que la matrice densité est toujours un opérateur positif, la fonction $F(x, p)$ peut prendre parfois des valeurs négatives qui lui ôtent sa signification de densité de probabilité.

Tout cela signifie, à n'en pas douter, que la forme explicite de la correspondance ne constitue qu'un premier cas et que la physique doit prendre le relais. Néanmoins, le fait d'avoir identifié le cadre mathématique adéquat à la correspondance (c'est-à-dire l'analyse microlocale) est un atout précieux, car il met dans les mains des physiciens une collection de théorèmes puissants obtenus par les mathématiciens et qui vont se révéler précieux[5].

Éléments de dynamique classique

Les observables à vocation classique

D'un point de vue physique, il est clair que toutes les observables quantiques n'ont pas une « vocation » classique, si l'on peut s'exprimer ainsi. En d'autres termes, tous les symboles ne sont pas utiles ni significatifs, comme certaines bizarreries mathématiques qu'on vient de signaler le laissaient supposer. C'est évident aux yeux d'un physicien pour qui il est clair qu'une observable décrivant la position d'une aiguille de voltmètre doit se retrouver au niveau classique, tout au plus sous une autre forme. En revanche, l'état des électrons dans les couches atomiques du métal de l'aiguille n'a aucune vocation à se retrouver sous une forme classique, de quelque manière qu'on le réécrive.

L'identification des observables à vocation classique est souvent considérée comme évidente. Il suffit en effet de choisir les quantités classiques intéressantes en examinant le système physique – macroscopique – qu'il s'agit de décrire. Ce sont les paramètres que les physiciens et les ingénieurs utilisent depuis que Lagrange leur a appris comment les choisir pour décrire au mieux un système et on en a vu un exemple au chapitre 5 dans le cas banal d'une bicyclette.

« Voire ! », comme on disait jadis, en sera-t-il toujours ainsi à mesure qu'on pénétrera plus loin dans la matière de l'objet ? Nous contenterons-nous d'affirmer qu'il existe toujours des observables à vocation classique simplement parce que cela rend notre pensée plus facile ? N'oublions pas en effet que nous sommes en train d'examiner une des questions les plus profondes de la physique et que les à-peu-près ne sont pas de mise.

Nous n'allons cependant pas tenter de répondre à la question en donnant une recette ou un algorithme qui permettraient de trouver à coup sûr les observables à vocation classique. La réalité physique est beaucoup trop riche et diverse pour cela. En revanche, il suffirait qu'il existe un critère permettant de juger si une observable candidate au classicisme est recevable, pour qu'on puisse pousser plus loin l'étude.

Analysons donc ce problème. La méthode la plus simple consiste à partir de la formule générale pour l'évolution d'une observable $A(t)$, ce qui est donné par[6] :

$$dA(t)/dt = (i/\hbar)[H, A(t)]. \qquad (7.6)$$

Le symbole de l'observable $dA(t)/dt$ n'est autre que $\partial a(x, p\,;\,t)/\partial t$ (car cette dérivée est la limite de $(A(t + \Delta t) - A(t)/\Delta t$ et la correspondance est linéaire). En revanche, que peut bien être le symbole du commutateur $(i/\hbar)[H, A(t)]$?

La correspondance de Wigner-Weyl entre les observables et les quantités dynamiques classiques ne s'étend pas directement aux produits. Ainsi, le produit AB de deux opérateurs n'est pas associé au produit $a(x, p).b(x, p)$ des symboles correspondants. La formule qui donne le symbole de AB à l'aide des fonctions $a(x, p)$ et $b(x, p)$ est à la fois riche de sens et compliquée, comme beaucoup de ce qui touche à la correspondance. Nous ne donnerons pour exemple que le symbole du second membre de l'équation (7.6), que l'on peut déduire de la formule (7.5) et qui s'écrit[7] :

$$\frac{\partial H(x, p)}{\partial p} \cdot \frac{\partial a(x, p)}{\partial x} - \frac{\partial H(x, p)}{\partial x} \cdot \frac{\partial a(x, p)}{\partial p} + O(\hbar^2). \qquad (7.7)$$

Il faut évidemment entendre cette formule comme une expression générale, valable pour un système physique quelconque avec un choix de variables quelconque (ce qui n'est pas sans poser quelques questions mathématiques que nous préférons laisser de côté). La fonction $H(x, p)$ est la fonction d'Hamilton, symbole de l'hamiltonien H. La notation $O(\hbar^2)$ représente comme à l'habitude une quantité qui se comporte comme proportionnelle à $\hbar^2$ quand la constante de Planck est petite devant les autres quantités en jeu.

On reconnaît dans les deux premiers termes de la formule (7.7) une quantité bien connue en mécanique analytique classique : le crochet de Poisson de la fonction d'Hamilton et de la variable dynamique $a(x, p)$, qu'on note $\{H, a\}$. Toute la dynamique classique tient ainsi dans les équations d'Hamilton, qu'on peut écrire sous la forme due à Poisson :

$$\frac{\partial a}{\partial t} = \{H, a\} \equiv \frac{\partial H(x, p)}{\partial p} \cdot \frac{\partial a(x, p)}{\partial x} - \frac{\partial H(x, p)}{\partial x} \cdot \frac{\partial a(x, p)}{\partial p}. \qquad (7.8)$$

Ainsi, on a déjà obtenu l'équation fondamentale qui détermine la physique classique si l'on peut négliger le terme $O(\hbar^2)$. Celui-ci est donné par une série infinie dont le premier terme est proportionnel à $\hbar^2$ et se présente comme une somme de produits de dérivées troisièmes de la fonction d'Hamilton $H(x, p)$ et de la variable dynamique $a(x, p)$ considérée[8].

Deux cas peuvent se présenter. Il se peut que le terme $O(\hbar^2)$ soit très petit et l'on peut alors considérer que la dynamique classique fournit une bonne approximation de la dynamique quantique pour la quantité a, celle-ci ayant effectivement une vocation classique, dont on peut estimer la qualité par la petitesse de la quantité $O(\hbar^2)$. En d'autres termes le classicisme est une propriété quantitative. Dans le cas contraire, quand $O(\hbar^2)$ n'est pas négligeable, la dynamique classique ne s'applique pas et la dynamique quantique reste la seule valable pour tout ce qui dépend de l'observable A.

Les divers cas d'application des lois classiques

À ce point, on est amené à distinguer deux champs d'application de la physique classique où sa justification ne présente pas les mêmes difficultés. Le premier était déjà plus ou moins réglé par le théorème d'Ehrenfest. C'est celui d'une particule dont le mouvement est classique, par exemple de particules à l'intérieur d'un accélérateur ou des électrons dans un tube de télévision. La fonction d'Hamilton représente alors l'action de champs électriques et magnétiques de l'appareillage, qui ne varient qu'à grande échelle ; plus on dérive davantage et plus les dérivées de ces champs sont petites à l'échelle de la constante de Planck, si bien que l'équation classique (7.8) constitue une approximation excellente pour les variables dynamiques.

En particulier, si l'on désigne la force par F, l'équation (7.7) se ramène exactement aux équations classiques pour les variables dynamiques x et p :

$$dx/dt = p/m, \; dp/dt = F,$$

du fait que les dérivées des quantités dynamiques x et p (considérées comme des fonctions particulièrement simples des variables x et p) sont nulles pour les ordres de dérivation supérieurs à 1 et le terme $O(\hbar^2)$ est strictement nul.

L'autre cas, de loin le plus fréquent, est celui d'un système macroscopique composé d'un grand nombre d'atomes et de particules. On en connaît l'hamiltonien en principe, du moins si l'on se limite à des particules et des atomes non relativistes dont les interactions sont représentées par des potentiels (le cas relativiste de la dynamique classique du champ électromagnétique devant être traité à part[9]). En utilisant des changements de coordonnées appropriés, on peut alors sélectionner en principe celles qui présentent une vocation classique (attestée par la petitesse du terme $O(\hbar^2)$ en ce qui les concerne) et l'on s'attend qu'une description classique s'applique.

Cette sélection est très similaire à celle qu'on avait déjà rencontrée avec la décohérence, quand on séparait les observables pertinentes de celles de l'environnement. Ces procédés sont en fait identiques, à ceci près que les observables pertinentes de la décohérence ne sont pas toutes à vocation classique (la composante du spin d'un atome mesurée par un dispositif de Stern-Gerlach fournit un bon exemple d'une observable pertinente pour la décohérence, mais évidemment non classique).

Inversement, certaines observables à vocation classique selon le critère (7.7) peuvent montrer des effets de superposition quantique. C'est le cas du flux magnétique à travers une spire supraconductrice dans un SQUID (voir le chapitre 6). On pourrait dire ainsi que, si la décohérence n'existait pas, des voltmètres (ou des chats) pourraient avoir une dynamique classique tout en se présentant dans des états de superposition quantique.

La conclusion de cette brève analyse est donc que la validité de la dynamique classique est un problème distinct de celui de l'absence de superpositions. Anthony Leggett fut le premier à attirer l'attention sur ce point, en distinguant pour la première fois les qualificatifs « macroscopique » et « classique » (on notera que cette distinction porte sur l'état du système et non sur ses observables). Nous admettrons dans ce qui suit que la décohérence agit sur les sous-systèmes provenant de la sélection des observables à vocation classique, tout en restant évidemment attentifs à la question du classicisme des états.

Les propriétés classiques

La physique classique est inséparable de propriétés des systèmes où les positions et les vitesses entrent en jeu simultanément. Or il est impossible, en physique quantique, de spécifier ces quantités ensemble. Il est également impossible de décrire leurs valeurs par des nombres parfaitement définis avec une quantité arbitrairement grande de décimales, car les relations d'incertitude l'interdisent.

En réalité, non seulement on ne connaît jamais la position et la vitesse d'un objet macroscopique avec une précision idéale, mais c'est inconcevable comme on l'a vu au chapitre 3 avec l'expérience de pensée de Bohr. Les informations accessibles ne sont donc jamais infiniment fines. Si l'on ne retient que le cas d'un seul degré de liberté pour éviter la lourdeur, on peut dire qu'on n'accède jamais au niveau classique qu'à une certaine valeur x_0 de la position avec une incertitude Δx et à une valeur p_0 de l'impulsion avec une incertitude Δp, dans des conditions où le produit $\Delta x . \Delta p$ est grand par rapport à la constante de Planck. Quand on tient compte du fait que toutes les propriétés physiques rencontrées jusqu'ici pouvaient se traduire par des projecteurs, la recherche de la cohérence logique conduit à essayer d'associer aussi des projecteurs aux propriétés classiques, tout en sachant d'avance que certaines approximations seront nécessaires.

Les projecteurs classiques

En se limitant au cas le plus simple, on peut considérer la propriété précédente en la représentant par un rectangle R dans un plan de coordonnées (x, p), ayant pour centre le point (x_0, p_0) et pour côtés $2\Delta x$, $2\Delta y$, comme dans la Figure 7.1. Le problème se ramène alors à associer un projecteur quantique E à ce rectangle représentant une propriété classique.

L'analyse microlocale vient ici à notre secours. On peut envisager en effet de décrire le projecteur E recherché par son symbole $e(x, p)$. Une idée simple serait de prendre pour e la fonction caracté-

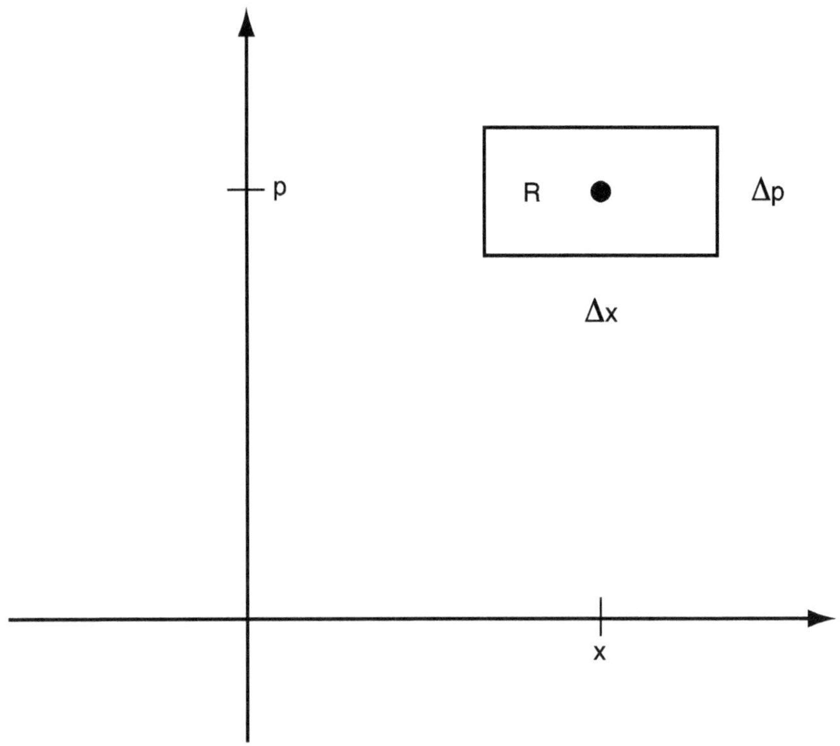

Figure 7.1 : Le domaine associé à une propriété classique élémentaire.

ristique de la région R, c'est-à-dire la fonction égale à 1 dans R et nulle en dehors, mais cela ne convient pas. Cette fonction passe en effet de 0 à 1 de manière discontinue à la frontière du rectangle, ce qui est presque aussi maladroit qu'essayer d'échapper aux relations d'indétermination. En effet, en spécifiant exactement la frontière de R, il est clair qu'on viole ces relations aux coins du rectangle. Mathématiquement, cela se traduit par plusieurs pathologies de l'opérateur associé à la fonction caractéristique : il n'est pas positif, il ne satisfait pas du tout la relation $E^2 = E$, etc. Il faut donc trouver une meilleure réponse.

Nous n'entrerons pas dans le détail des méthodes qui permettent d'obtenir un « bon » opérateur en choisissant convenablement son symbole. On notera seulement que ce symbole doit être aussi lisse que possible, de sorte que ses dérivées de tous les ordres ne prennent jamais de valeurs trop grandes. Il est clair que cela correspond à des notions de topologie assez fines qui ne sont familières qu'aux spécialistes, mais un théorème de Lars Hörmander permet de répondre ainsi à la question posée[10] : le symbole $e(x, p)$ « régularise » la fonction caractéristique de R, c'est-à-dire passe de manière très graduelle de 0 à 1 au voisinage de la frontière, la largeur des zones de transition étant étroitement contrôlée[11]. Le relief de la fonction ainsi obtenue est représenté dans la Figure 7.2.

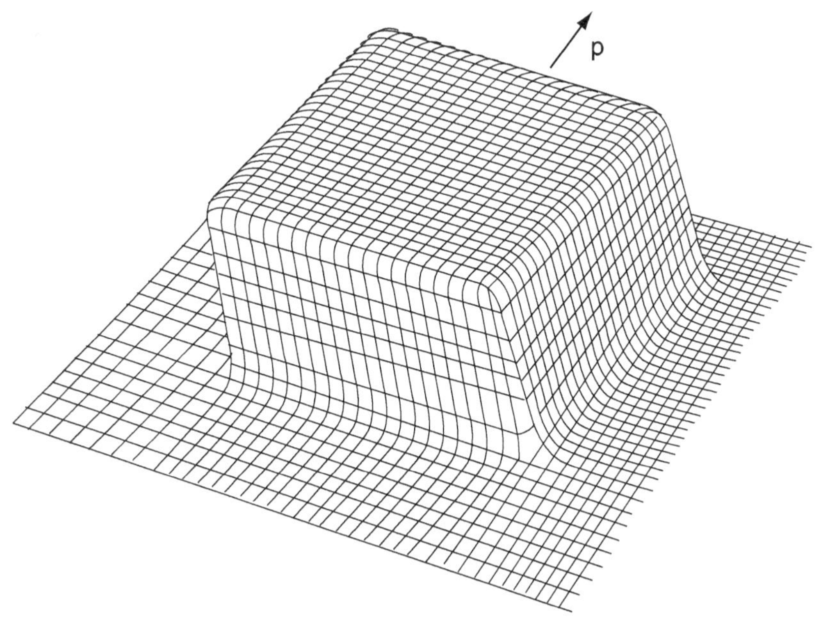

Figure 7.2 : Le symbole du projecteur d'une propriété classique.

On constate alors que l'opérateur E associé à ce symbole est une observable qui satisfait presque exactement à la condition $E^2 = E$ caractérisant les projecteurs. Remarquons que ce « presque » apparaît dans toutes les considérations liées à la correspondance classique/ quantique : ici, l'opérateur E est presque un projecteur, ailleurs les relations d'indétermination sont presque éliminées, ailleurs encore une probabilité est si petite qu'elle est négligeable. Cela tient au fait que la physique classique est toujours une approximation de sorte que le travail du théoricien consiste à trouver l'estimation la meilleure, dont les corrections soient aussi petites que possible. Il doit aussi tenir un compte minutieux des erreurs, pour les récapituler à la fin de manière à préciser la confiance que les résultats autorisent.

On n'entrera évidemment pas ici dans tous ces détails, malgré leur importance au niveau de la rigueur et on se contentera d'affirmer désormais qu'un certain résultat est effectivement correct pour signifier que les erreurs sont négligeables en pratique, le plus souvent très inférieures à celles des expériences, cette estimation ayant été vérifiée par le calcul.

Nous n'en donnerons pour exemple que celui montré par la Figure 7.3. Au lieu d'un seul rectangle, on en considère deux iden-

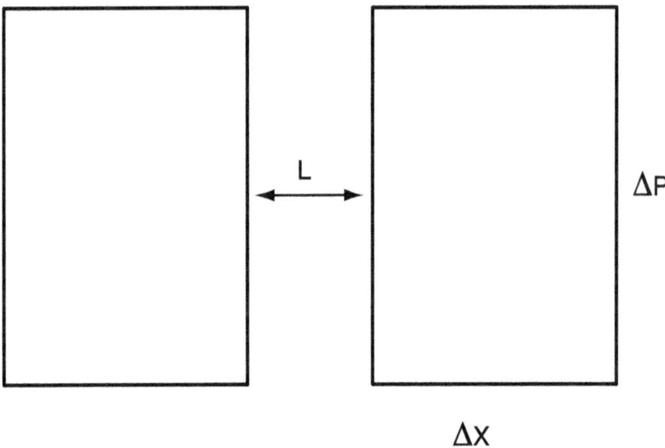

Figure 7.3 : Deux propriétés classiques distinctes.

tiques, R et R' placés l'un près de l'autre, la distance entre leurs frontières étant désignée par L. On désigne par E et E' les projecteurs qui leur sont associés. Classiquement, on s'attendrait que les deux propriétés classiques qui leur correspondent s'excluent mutuellement : la propriété décrite par R' ne pourrait pas être vraie en même temps que celle décrite par R. En d'autres termes, on devrait avoir les relations $EE' = E'E = 0$.

Est-ce vrai ? On en doute, évidemment, car on pressent bien que les relations d'incertitude s'y opposent et on peut même démontrer qu'elles l'interdisent. Mais la relation attendue est *presque* vraie. En effet, on peut choisir au mieux les projecteurs E et E' et introduire la probabilité P pour que la propriété associée à R' ait lieu quand celle de R est donnée[12]. On a alors la borne :

$$P < \sqrt{\frac{\hbar}{\Delta x \Delta p}} \exp\{-\sqrt{\frac{\Delta x \Delta p}{\hbar}} \cdot \frac{L^2}{\Delta x^2}\}. \qquad (7.9)$$

Si l'on note que le rapport $\Delta x \Delta p / \hbar$ est un nombre élevé dans des conditions classiques, il est clair que l'exponentielle est un nombre extrêmement petit (à moins que les deux rectangles ne se touchent) et l'on peut omettre d'ajouter « presque » en affirmant que les deux propriétés classiques associées à R et R' sont mutuellement exclusives. Ce cas est exemplaire et s'étend à des conditions beaucoup plus générales (nombre élevé de degrés de liberté, rectangles remplacés par des domaines moins simples). Il implique que des propriétés classiques peuvent réellement s'exclure, comme l'exige la logique du sens commun propre à notre cerveau et comme le calcul des probabilités le suppose parmi ses axiomes.

L'émergence de la dynamique classique

Tous les éléments sont maintenant rassemblés pour formuler de façon rigoureuse la correspondance dans l'évolution dynamique, c'est-à-dire en particulier la question du déterminisme. On ne considérera que le cas d'un système macroscopique en laissant de côté le problème plus simple du mouvement classique d'une particule dans un accélérateur ou un tube électronique. On supposera que des observables pertinentes, à vocation classique, ont été identifiées au préalable, comme au chapitre 6, et que l'état du système est décrit par une matrice densité ρ_r, réduite à ces observables pertinentes. En pratique, cela signifie qu'on représente le système comme en physique classique afin d'examiner jusqu'à quel point on a le droit de le faire. On raisonnera cependant comme s'il n'y avait qu'un seul degré de liberté classique pour ne pas alourdir l'écriture.

En s'inspirant de la physique classique, on voudrait s'assurer que l'état initial est bien décrit par la donnée d'une position x_0 et d'une impulsion p_0, avec des limites d'erreur Δx et Δp suffisamment petites. Cette description s'exprime par un projecteur classique E_0, lui-même associé à une cellule rectangulaire C_0 de l'espace des phases, identique au rectangle R précédent (voir la Figure 7.4). On peut alors exprimer le fait que l'état initial du système satisfait bien à la condition classique initiale par la condition :

$$E_0 \rho_r E_0 = \rho_r. \qquad (7.10)$$

On choisit évidemment la plus petite cellule C_0 vérifiant cette condition dans les conditions d'une expérience réelle, afin d'assurer la meilleure description classique possible de la situation initiale. La condition (7.10) n'est souvent qu'approximativement satisfaite (elle l'est « presque »), il faut en principe tenir un registre des erreurs à tous les stades du calcul pour minimaliser l'erreur finale, mais on laissera de côté ces raffinements théoriques.

La dynamique classique du système est bien définie puisqu'on connaît la fonction d'Hamilton classique qui la détermine : c'est le symbole de l'hamiltonien pertinent, celui qu'on désignait par H_p dans la Formule (6.10). On sait aussi comment chaque point de la cellule C_0 devrait se déplacer classiquement pendant un certain temps t et l'ensemble des points d'arrivée au temps t constitue alors une cellule désignée par C_t.

Un théorème classique de Liouville établit que le volume de cette cellule dans l'espace des phases (ou sa surface dans le cas présent) est égal à celui de C_0, mais c'est tout ce qu'on peut en dire en général[13]. La forme de C_t peut être plus ou moins compliquée, on supposera donc d'abord qu'elle est relativement régulière. Mais que faut-il entendre par là ? La réponse à cette question passe à nouveau

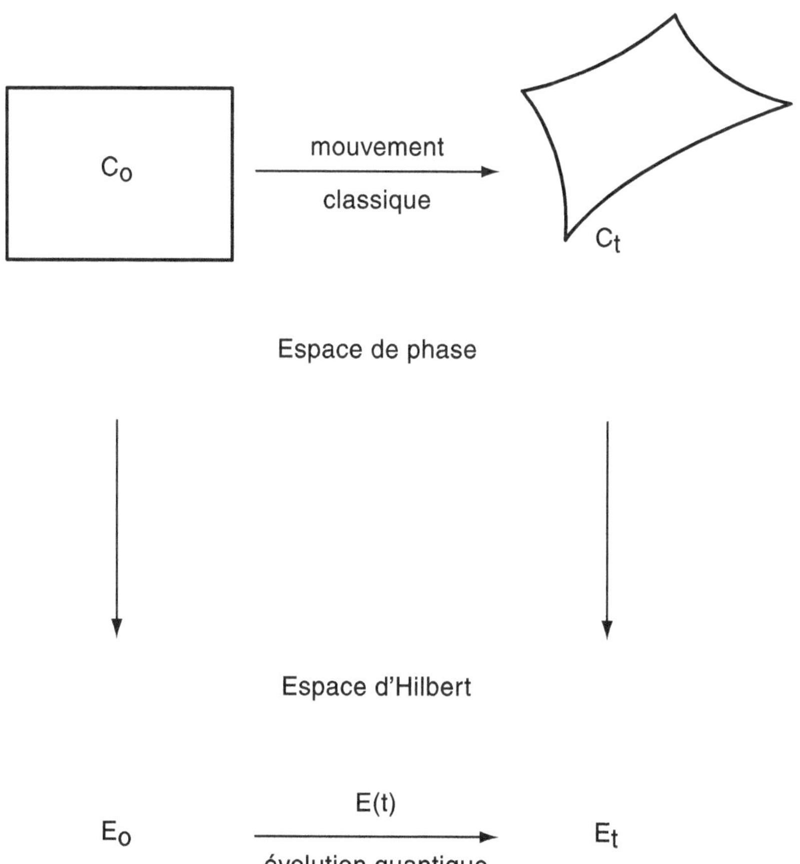

Figure 7.4 : Des cellules représentatives d'un mouvement classique.

par les restrictions topologiques de l'analyse microlocale, que nous nous dispenserons de préciser. De manière qualitative, nous dirons que la forme de C_t n'est pas trop tourmentée et sa frontière est assez lisse ; de manière mathématique, nous dirions plus précisément qu'elle est assez simple pour permettre de définir un projecteur classique E_t qui lui soit associé, avec une erreur tolérable. Tout cela peut paraître vague, évidemment, mais deviendra clair dans un moment quand on reprendra la question par la négative, c'est-à-dire en explicitant les cas où C_t présente une forme si tourmentée qu'aucun projecteur classique E_t ne lui est associé. Quoi qu'il en soit, nous poursuivrons la discussion sans ergoter davantage.

Si l'on se place à présent au point de vue quantique, on peut considérer l'opérateur de projection E_0 comme une observable quantique dont l'évolution est déterminée par l'opérateur d'évolution quantique $U(t)$ sous la forme[14] :

$$E_0(t) = U(t)\, E_0\, U(t)^{-1}. \qquad (7.11)$$

Si la dynamique classique était exacte, ses conséquences seraient identiques à celles de la dynamique quantique et on aurait la relation

$$E_t = E_0(t), \qquad\qquad (7.12)$$

de sorte que les propriétés classiques et quantiques coïncideraient à tout instant. Mais cette relation n'est jamais exacte. Le mieux qu'on puisse attendre serait qu'elle soit « presque vraie », c'est-à-dire qu'elle représente une bonne approximation. La validité de la dynamique classique dépend donc en fin de compte de la qualité de cette équation cruciale.

Les résultats

Cette question est liée de très près à une autre plus générale dont l'importance avait été soulignée par Dirac. Elle avait trait aux règles d'invariance de la dynamique quantique, qui peuvent être envisagées de plusieurs manières. On peut dire, par exemple, que les principes quantiques ne dépendent pas du choix d'une base dans l'espace d'Hilbert. On peut aussi mettre l'accent sur le groupe des transformations qui font passer d'une base orthonormée à une autre, c'est-à-dire les transformations unitaires agissant sur les vecteurs de l'espace d'Hilbert par un opérateur $U : \psi \rightarrow U\psi$ tel que $UU^\dagger = U^\dagger U = I$. On peut enfin faire porter la transformation sur les observables plutôt que sur les vecteurs d'état, auquel cas on s'appuie sur les transformations $A \rightarrow U^\dagger A U$ qui conservent les commutateurs, puisque $[U^\dagger A U, U^\dagger B U] = U^\dagger [A, B] U$.

Dirac avait souligné une grande similitude entre les commutateurs de la physique quantique et les crochets de Poisson de la mécanique classique. L'invariance de forme de la dynamique quantique par les transformations unitaires correspondait à une invariance classique analogue, celle des transformations canoniques $(x, p) \rightarrow (x', p')$, c'est-à-dire des changements de coordonnées dans l'espace de phase qui conservent les crochets de Poisson. L'évolution dynamique résultant des équations d'Hamilton est elle-même une transformation canonique, tout comme l'évolution quantique engendrée par l'équation de Schrödinger est la transformation unitaire $U(t) = \exp(-iHt/\hbar)$.

Ces considérations s'étendent très loin dans la structure mathématique profonde des deux théories ; grâce à la théorie des groupes Dirac en concluait que toute transformation canonique classique devait être associée à une certaine transformation unitaire quantique. Il est clair que la formulation exacte de cette correspondance n'était rien d'autre que le problème que nous considérons à présent et c'est sous cette forme qu'il est apparu dans la théorie.

Cette correspondance des structures mathématiques avait conduit Weyl en 1950 à sa construction des symboles et c'est elle qui justifie le plus clairement la définition fondamentale (7.5) des symboles. Jamais la question ne fut oubliée, mais il fallut attendre 1969 pour que le mathématicien Youri Egorov, faisant fonds des progrès accomplis dans l'intervalle en analyse microlocale, obtienne une forme explicite de la correspondance entre les transformations quantiques et classiques.

Le théorème d'Egorov n'a cessé d'être retravaillé depuis, pour étendre le champ de ses hypothèses et préciser ses conclusions. En ce qui nous concerne ici, il se traduit par une estimation de la différence entre les deux projecteurs E_t et $E_0(t)$ de l'équation hypothétique (7.12). L'expression la plus simple des résultats est sans doute celle qui passe par des probabilités et qu'on peut formuler ainsi : « Si un système est initialement dans un état satisfaisant à la propriété classique de projecteur E_0, quelle est la probabilité pour qu'elle satisfasse (ou non) au temps t à la propriété déterministe classique exprimée par le projecteur E_t ? » En d'autres termes, quelle est la probabilité d'erreur de la formule (7.12)[15] ?

On ne donnera pas ici la valeur explicite de cette probabilité, cela exigerait des considérations trop techniques pour avoir leur place ici. On se contentera d'affirmer que la probabilité pour que la propriété déterministe classique de projecteur E_t ne soit pas satisfaite est totalement négligeable dans les conditions d'application ordinaires de la physique classique[16]. Plutôt que donner les expressions explicites de quantités qui sont en général très petites, il est beaucoup plus instructif d'exploiter les calculs correspondants pour reconnaître les cas où la physique classique *ne s'applique pas*, c'est-à-dire ceux où la correspondance tombe en défaut.

Il n'y a que deux cas de ce genre, justement ceux auxquels on pouvait s'attendre par des considérations physiques. Le premier apparaît quand une barrière de potentiel, très mince, est aisément traversée selon les lois quantiques, alors qu'en dépit de sa minceur, sa seule présence suffit pour la rendre absolument opaque au mouvement classique. On notera au passage que ces conditions, très nettes d'un point de vue théorique, sont pratiquement irréalisables dans la réalité. C'est l'exemple de la voiture qui sort d'un garage par effet tunnel, comme George Gamow l'imaginait pour Mister Tomkins, son héros vulgarisateur, ou c'est celui du Passe-murailles de Marcel Aymé.

Le second cas d'exception est beaucoup plus réaliste, puisque c'est celui d'un système chaotique. Dans sa version classique, la cellule C_t prend une forme extrêmement tourmentée après un certain temps, comme celle que suggère la Figure 7.5. Quand les dimensions des filaments recourbés de cette cellule deviennent comparables à la constante de Planck, le théorème d'Egorov perd son contenu. Il n'existe plus de projecteur classique E_t associé à la cellule C_t trop irrégulière et l'équation (7.12) n'est plus même formulable. En d'autres termes, la dynamique classique cesse d'avoir un sens du point de vue quantique quand le chaos est trop fortement développé. On peut remarquer au passage que l'étude approfondie de la correspondance entre les deux dynamiques, quantique et classique, aboutit naturellement à la redécouverte de l'existence des systèmes chaotiques. L'étude de ces systèmes, dans leur version quantique, continue d'ailleurs à faire l'objet de nombreux travaux.

On peut aussi rappeler la différence établie plus haut entre la dynamique classique et l'absence de superpositions quantiques, d'où

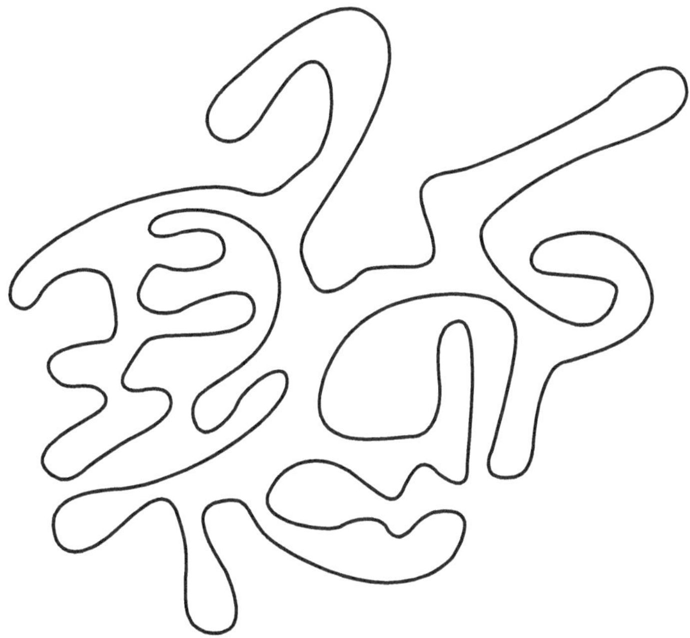

Figure 7.5 : Une cellule chaotique.

la distinction établie par Leggett entre les qualificatifs « macrosco-pique » et « classique ». On avait déjà signalé dans le chapitre 5 que ces recherches avaient conduit à la réalisation de dispositifs supra-conducteurs, sans décohérence macroscopique, mais manifestant cependant des superpositions quantiques[17].

Il faut mentionner enfin que les méthodes présentées ici ne s'appliquent qu'à des systèmes dont le nombre de degrés de liberté à vocation classique est fini. Or ce n'est pas le cas du rayonnement électromagnétique dont les champs possèdent, intrinsèquement, un nombre infini de degrés de liberté. Leur comportement classique apparaît quand le nombre de photons est grand et la méthode qui le décrit a été introduite dans les années 1960 par Roy Glauber. C'est celle des « états cohérents » qui s'accorde évidemment avec l'exis-tence d'interférences à un niveau classique.

Le statut du déterminisme

Les résultats précédents impliquent que le déterminisme classique est valable dans des conditions macroscopiques ordinaires. On peut être plus précis en spécifiant l'hypothèse initiale et le résultat final (la cause et l'effet) dans des termes classiques. L'hypothèse initiale était contenue dans la condition (7.10) où apparaissait la cellule C_0 avec son projecteur E_0. Pour formuler les conséquences du déterminisme de la même manière, il suffit d'introduire une cellule rectangulaire C_1 contenant C_t. Les résultats précédents entraînent alors que la propriété classique représentée par C_0 détermine la propriété classique représentée par C_1 avec une probabilité extrêmement proche de 1. En fait, cette probabilité est égale à $1 - \varepsilon$, où ε est inférieure à la très petite probabilité d'erreur de l'équation (7.12). En introduisant le projecteur E_1 associé à la cellule C_1, cela peut encore s'écrire sous la forme

$$E_1 \, \rho_r(t) E_1 = \rho_r(t) + \mathrm{O}(\varepsilon), \qquad (7.13)$$

mais ce n'est qu'une façon pédante de répéter la même conclusion : le déterminisme est tout à fait valable en termes dépourvus d'ambiguïté d'ordre philosophique.

Il va sans dire que cette conclusion ne s'applique pas aux cas d'exception mentionnés plus haut : dynamique chaotique, barrière de potentiel étroite, états sans décohérence qui ne satisferaient pas la condition (7.10), mais ces cas exceptionnels sont tous rarissimes, y compris le premier car le chaos n'atteint jamais le niveau de la constante de Planck dans un système réel[18]. Quant au dernier cas, il n'apparaît que dans des expériences subtiles et difficiles, destinées à montrer que les exceptions existent vraiment.

Il faudrait enfin étendre l'étude aux cas où la dynamique classique s'accompagne de dissipation. C'est alors que le sens du temps devient irréversible et que le déterminisme théorique cesse lui aussi d'être formellement réversible pour devenir vraiment la causalité. Cette question a été encore assez peu étudiée, mais ce qu'on en sait ne soulève aucune difficulté de principe. Elle suppose seulement un travail ardu et technique, qui sera sans doute accompli dans un proche avenir en mettant un point final à une grande question, vieille de près d'un siècle.

En conclusion, on constate que la décohérence et la correspondance quantique/classique entraînent une véritable transmutation des lois de la physique. Il n'existe aucun autre exemple en science où des transformations de ce genre aient reçu une explication aussi complète[19]. L'émergence des lois classiques à partir de leur fondement quantique est très loin d'être un effet banal, ce qui explique sans doute les difficultés inévitables, conceptuelles et techniques, que les lecteurs ont peut-être trouvées dans ce chapitre, bien que je me sois efforcé de les réduire au minimum compatible avec les vraies questions.

CHAPITRE 8

Mesures quantiques

Une mesure est une expérience permettant de déterminer la valeur d'une quantité physique (c'est-à-dire une observable) portée par un système physique. Le principe consiste toujours à provoquer une cascade de phénomènes, jusqu'à un niveau macroscopique directement détectable, le dispositif expérimental étant conçu pour que le résultat apporte la signature de l'observable étudiée.

Pendant longtemps, on a cru que les mesures quantiques constituaient une classe de phénomènes à part, pour lesquels une théorie spécifique était nécessaire. Des règles particulières avaient été formulées, en particulier sous l'impulsion de Bohr, leur synthèse constituant les « règles de Copenhague » qui s'énonçaient ainsi[1] :

1. Le résultat de la mesure d'une observable quantique A ne peut être qu'une de ses valeurs propres a_n ou un ensemble de ces valeurs propres, en général un intervalle de valeurs $[a', a'']$ pour une observable à spectre continu.

2. Quand l'état du système mesuré est donné par une fonction d'onde ψ, la probabilité p_n que le résultat soit une valeur propre a_n est donnée par la formule de Born. Celle-ci fait intervenir la fonction propre normalisée ϕ_n de l'opérateur A correspondant à cette valeur propre et s'écrit[2] :

$$p_n = |(\phi_n, \psi)|^2. \qquad (8.1)$$

3. Après la mesure, le système physique mesuré se comporte comme si sa fonction d'onde était devenue la fonction propre normalisée ϕ_n associée à a_n.[3]

On trouvera dans les notes les précisions nécessaires pour étendre ces règles aux cas les plus généraux[2],[3], mais l'essentiel est contenu dans la forme présentée qui suffit à situer le problème. Le problème central était en effet que les règles de Copenhague étaient posées comme des postulats spécifiques aux phénomènes de mesure s'ajoutant aux principes fondamentaux de la théorie quantique. Ces règles étaient incontestables, néanmoins, car d'innombrables expériences faites pendant près d'un siècle les ont amplement confirmées. La règle 3 soulevait pourtant un problème redoutable, le brusque changement de la fonction d'onde passant de ψ à ϕ_n semblait en effet contredire la linéarité de l'équation de Schrödinger. Si l'on introduit le projecteur P_n sur ϕ_n, la transition peut s'écrire sous la forme

$$\psi \to \frac{P_n \psi}{\left\| P_n \psi \right\|}, \qquad (8.2)$$

c'est-à-dire une relation non linéaire, violant de manière évidente le principe de superposition.

On ne peut donc pas être surpris que ces règles, en particulier la troisième, aient fait l'objet de réflexions allant de la perplexité à des critiques sévères. Ce n'est qu'à la fin du XXe siècle que le point de vue a changé notablement, en combinant la décohérence, la compréhension de la correspondance quantique/classique et, dans une moindre mesure, la logique des histoires de Griffiths, pour établir que les règles de Copenhague sont une conséquence directe des principes de la physique quantique[4]. La règle 3 continue néanmoins de poser des problèmes, mais sous une forme beaucoup plus générale et d'ordre philosophique, celle de la cohérence entre la théorie quantique intrinsèquement probabiliste et l'unicité du monde réel.

Il est clair, en tout cas, que la compréhension des mesures fait partie de l'essentiel de la physique quantique et peut servir de conclusion à ce livre. On procédera en trois temps, d'abord en entrant davantage dans la réalisation concrète des mesures, puis en indiquant comment les règles de Copenhague résultent des principes fondamentaux de la théorie, enfin en faisant brièvement le point actuel sur le problème de l'unicité du monde réel.

La détection des photons

On a vu au chapitre 4 comment la nature avait résolu le problème de la détection des photons grâce aux mécanismes subtils de la rétine. Un autre exemple révélateur est fourni par les émulsions photographiques que l'on va décrire brièvement. L'élément actif d'une telle émulsion consiste en microcristaux de bromure d'argent et la réaction de base est une photodissociation $\gamma + AgBr \rightarrow Ag + Br$ agissant sur une molécule individuelle. Mais des réactions de ce genre sont innombrables dans la nature, pour des molécules de toute espèce, et on n'en voit rien au niveau macroscopique. La particularité étonnante du bromure d'argent et d'un petit nombre d'autres espèces chimiques est d'amplifier ce phénomène pour l'amener au niveau macroscopique et c'est en cela qu'il fournit la base d'un instrument de mesure. C'est aussi ce qu'on va essayer de comprendre[5].

Un cristal parfait de bromure d'argent est un réseau à symétrie cubique d'ion Br^- et Ag^+. Un grain d'émulsion est un microcristal imparfait contenant deux types de « défauts » : d'une part des ions intersticiels Ag^+ qui sont mal placés, dans les interstices du réseau, et peuvent migrer aisément dans le cristal, d'autre part, des dislocations du réseau, dont certaines localisées à la surface (voir la Figure 8.1). Elles ressemblent alors à un mur qui s'élève au-dessus de la surface d'une hauteur d'une unité atomique, le coin du mur étant le siège d'un champ électrique intense produit par les ions voisins. Ce champ agit comme une trappe à électrons, capable de piéger un électron passant au voisinage.

Quand un photon pénètre dans le grain d'émulsion, il produit un électron et un trou positif dans la bande de valence du cristal. Ce trou est résorbé sans autre manifestation notable et c'est l'électron

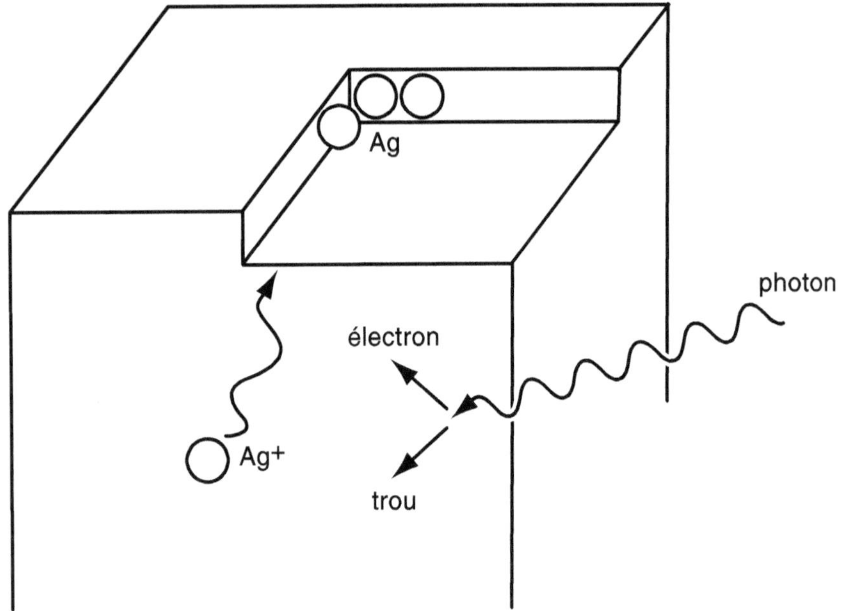

Figure 8.1 : La détection photographique.

qui va être l'agent des phénomènes ultérieurs. Il se déplace et, tôt ou tard, il passe au voisinage d'une trappe où il se trouve piégé. Un ion migrant Ag^+ arrive lui aussi tôt ou tard en ce même coin actif (« tôt ou tard » se référant à des temps très courts bien sûr). Il capture l'électron pour former un atome neutre d'argent. D'autres phénomènes de même espèce se produisent à l'arrivée d'autres photons jusqu'à ce que trois atomes d'argent se trouvent empilés dans le même coin (notons au passage qu'un grain d'émulsion n'est pas sensible à un photon unique, mais au moins à trois). Il se produit alors une *transition de phase,* la capture d'électrons de valence par les ions Ag^+ interstitiels devenant énergétiquement favorable et les trois premiers atomes neutres étant en nombre suffisant pour déclencher ce processus. Des milliards d'atomes neutres s'accumulent à la surface du grain et il ne reste plus qu'à recourir à un révélateur chimique pour faire apparaître ce phénomène macroscopique.

Bien que le plus ancien et l'un des plus récents à avoir été compris, ce détecteur, découvert empiriquement, fait bien apparaître plusieurs caractères des expériences de mesure. Il mesure une observable, le projecteur quantique de position du photon à l'intérieur du grain[6]. Il requiert un phénomène d'amplification pour atteindre un niveau macroscopique représenté ici par la nucléation d'une transition de phase, c'est-à-dire l'existence d'un seuil (trois atomes d'argent) à partir duquel une partie du milieu (les ions interstitiels) devient instable. Enfin, il montre que toutes les ressources de la physique et de la chimie peuvent entrer en jeu dans la constitution d'un appareil de mesure.

La physique, en particulier celle des solides, a permis de produire toute une variété de détecteurs de photons de basse énergie, mieux contrôlables et plus rapides que l'émulsion photographique. Citons les photomultiplicateurs qui fonctionnent sur le principe de l'effet photoélectrique. Un photon extrait un électron, lequel est accéléré par un fort champ électrique. Il rayonne alors un grand nombre d'autres photons, lesquels produisent d'autres électrons par un autre effet photoélectrique sur une autre cathode et ainsi de suite, jusqu'à ce que la lumière produite ou le courant porté par les électrons devienne macroscopique. L'appareil doit comporter un dispositif de miroirs concentrant la lumière aux bons endroits, mais le principe est simple. Cette fois, il n'y a pas de transition de phase, seulement un dispositif multiplicateur construit à dessein.

La détection des photons de haute énergie (des rayons X aux rayons gamma) passe en général par un phénomène d'ionisation : le photon arrache des électrons à des atomes neutres. On passe alors au cas de la détection des électrons, c'est-à-dire de particules chargées, qu'on va considérer à présent.

La détection des particules chargées

Le compteur Geiger est le plus ancien dispositif de détection des particules chargées. Le principe en est simple. Les plaques d'un condensateur sont portées à une différence de potentiel créant un champ électrique supérieur au champ de claquage du diélectrique qui les sépare. Dès qu'une particule chargée pénètre dans le diélectrique, le fort champ qui y règne l'accélère. Elle ionise des atomes auprès desquels elle passe, créant ainsi un grand nombre d'électrons libres. Ceux-ci à leur tour accélérés ionisent, et ainsi de suite, jusqu'à ce que le nombre d'électrons soit assez grand pour conduire un courant d'une électrode à l'autre. Celui-ci est enregistré en marquant le passage de la particule initiale et le champ est remis à zéro pour un court instant afin que le diélectrique se neutralise. Un rétablissement du champ remet enfin le compteur en état de fonctionnement.

Dans la chambre de Wilson, ou chambre à ionisation, le phénomène d'amplification utilise une transformation de phase. Il s'agit, par exemple, d'une chambre, un récipient contenant de la vapeur d'alcool ou d'une autre substance dont l'état thermodynamique est contrôlé par un piston déterminant la pression. En cours de marche, la pression est supérieure à la pression de liquéfaction de sorte que la vapeur est dans un état métastable. Or aucune gouttelette ne se forme si rien ne vient provoquer sa formation, il y faut un mécanisme de déclenchement. Celui-ci se produit quand une particule chargée de vitesse suffisante entre dans l'appareil. Il y a ionisation, comme dans le compteur Geiger, mais cette fois la présence des atomes ionisés déclenche la formation de gouttelettes tout le long de la trajectoire de la particule. L'intérêt de ce dispositif est de faire apparaître la trajectoire de la particule et de constater ainsi sa provenance. En outre, sa perte d'énergie, due aux ionisations qu'elle provoque, produit son ralentissement ; on constate et on prouve que la longueur de son parcours fournit une excellente valeur de son impulsion initiale.

La chambre de Wilson agit ainsi comme un appareil de mesure de la trajectoire et de l'impulsion dans des conditions évidemment très en dehors des limites imposées par les relations d'indétermination d'Heisenberg. La présence d'un champ magnétique incurvant les trajectoires permet de connaître la vitesse des particules et d'atteindre ainsi leur masse grâce à la connaissance de leur impulsion. Le sens de la courbure donne le signe de la charge et l'on sait ainsi à quel type de particules on avait affaire. Le nombre de gouttelettes formées donne en outre une information complémentaire permettant de connaître la charge.

La chambre à bulles, inventée par Donald Glaser, fonctionne sur un principe analogue. C'est encore un récipient, rempli cette fois d'un liquide (souvent de l'hydrogène) dont la densité plus grande que celle d'un gaz accroît considérablement les capacités de détection par rapport à la chambre de Wilson. L'état du liquide est encore contrôlé par sa pression et, en phase de détection, une baisse de pression le met dans un état métastable. Le long de la trajectoire d'une particule chargée, les charges créées par ionisation amorcent une vaporisation du liquide avec formation de bulles. L'analyse des données est analogue à celles d'une chambre de Wilson, avec un accroissement considérable de la précision et de l'efficacité.

Le principe du détecteur à fils, inventé par Georges Charpak, consiste à compléter une chambre de détection par un réseau de fils conducteurs. En se référant à un système de coordonnées d'espace, on peut avoir par exemple une succession de plans formés de fils parallèles, ces fils étant orientés alternativement dans les directions x et y et les plans étant tous orthogonaux à la direction z. L'ionisation due à des particules de passage entraîne de minimes étincelles et des signaux de courants dans les fils, la collection de ces signaux contenant une information complète sur les trajectoires des particules et leur temps de passage. La détection n'est donc plus visuelle, comme avec les chambres précédentes, mais directement traitée par des ordinateurs, en revanche, il est clair que le type d'information est le même.

L'expérience de Stern et Gerlach

Les mesures relatives au spin d'un atome ou d'une particule s'appuient très souvent sur le fait que celui-ci s'accompagne d'un moment magnétique. L'invariance des lois de la physique par rotation des axes d'espace permet de démontrer que les observables de spin S et de moment magnétique **M** sont parallèles, autrement dit : **M** = g**S**, la quantité g étant appelée le rapport gyromagnétique.

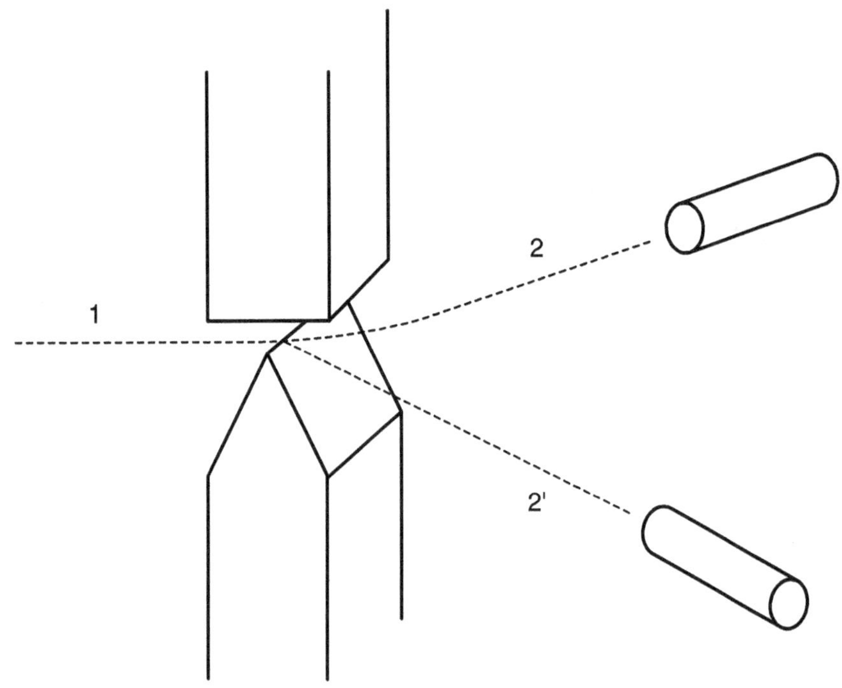

Figure 8.2 : L'expérience de Stern et Gerlach.

Le prototype des mesures de spin est l'expérience de Stern et Gerlach. Historiquement, elle fut réalisée pour la première fois sur des atomes d'argent en montrant que le spin de ceux-ci est égal à 1/2, c'est-à-dire qu'il n'y a que deux états propres pour chaque composante du vecteur de spin **S**. Dans la pratique, on utilisait un champ magnétique parallèle à l'axe des z, comme on le voit sur la Figure 8.2. L'hamiltonien de l'atome comporte alors un terme d'énergie magnétique, de la forme

$$H_{\mathrm{magn}} = - \boldsymbol{M.B} = - g\,\boldsymbol{S.B} = - g\,B\,S_z.$$

Dans le cas où la composante z du spin de l'atome est égale à + 1/2, son énergie E est donc égale à $-gB\,\hbar/2$. Or, dans cette expérience, la composante z du champ magnétique, la seule importante, n'est pas constante et varie au contraire à cause de la forme particulière des pièces polaires de l'électro-aimant, dont l'une est plane et l'autre taillée en biseau. On envoie l'atome de telle sorte qu'il passe près de la face plane où le champ est parallèle à la direction z, mais dépend appréciablement de cette coordonnée, tout en variant peu en fonction de x et y.

Le mouvement de l'atome est classique, tout comme celui des électrons dans un tube de télévision déjà discuté dans le chapitre précédent. La correspondance quantique/classique montre que les lois classiques s'appliquent en faisant intervenir une force $\boldsymbol{F} = -\nabla E$. Dans le cas considéré où $S_z = +1/2$, cette force est essentiellement dirigée dans la direction z et égale à $(-g\,\hbar/2)\partial B/\partial z$. Dans le cas $S_z = -1/2$, elle prend la valeur opposée $-F = (+g\,\hbar/2)\partial B/\partial z$. En d'autres termes, la trajectoire de l'atome est déviée classiquement dans des directions opposées selon la valeur de S_z. En détectant la position de l'atome à quelque distance de l'aimant, on mesure du même coup l'observable S_z.

Les deux premières règles de Copenhague

On peut laisser là les méthodes expérimentales en notant seulement ce qui est essentiel dans une mesure de physique quantique. Il s'agit d'une interaction entre un objet mesuré M et un dispositif expérimental E. Leur interaction obéit aux principes quantiques et, en particulier, à la dynamique provenant de l'équation de Schrödinger. Le système mesuré peut être un atome, une particule, un système composé de plusieurs éléments microscopiques, voire parfois un objet macroscopique[7]. L'important est qu'une certaine observable A appartenant à ce système soit mesurable grâce au dispositif expérimental E, ce qui suppose de concevoir celui-ci convenablement ainsi que la façon dont il interagit avec M, c'est-à-dire à bien préparer la mesure.

On prendra pour exemple le cas de l'expérience de Stern-Gerlach, où le dispositif E consiste essentiellement en l'électro-aimant aux pièces polaires asymétriques et des détecteurs placés sur les chemins suivis par les atomes d'argent, chaque atome étant un système M à mesurer. La préparation de l'expérience consiste à produire un atome d'argent dont la trajectoire passe assez près de la pièce polaire plane.

Si l'on désigne les deux détecteurs par $D+$ et $D-$, le détecteur $D+$ ne réagit que si l'atome passe par le chemin supérieur, désigné par 2 sur la Figure 8.2. On peut dire aussi qu'il sélectionne la propriété selon laquelle « la valeur de S_z est égale à $+ 1/2$ », dont on a vu au chapitre 6 qu'elle s'exprime mathématiquement par un projecteur, désigné ici par $P+$ .Si l'état de spin de l'atome est un état pur de la forme $\alpha|+1/2\rangle + \beta|-1/2\rangle$, la probabilité de cette propriété est égale à $|\alpha|^2$. De même, la propriété de spin associée à la détection par le détecteur $D-$ exprime que « la valeur de S_z est égale à $- 1/2$ », de projecteur $P+$ et de probabilité $|\beta|^2$.

La détection présente deux caractères essentiels : d'une part, elle comporte une amplification qui fait passer l'un ou l'autre des deux détecteurs dans un état signalant la détection. Les propriétés correspondantes sont classiques et s'excluent totalement l'une l'autre, comme on l'a vu au chapitre précédent avec les deux propriétés de la Figure 7.3. Il n'y a pas, d'autre part, de superposition possible de ces deux propriétés des détecteurs, car ils sont macroscopiques et soumis à la décohérence. Celle-ci fait de leurs états possibles des événements classiques distincts, chacun des deux pouvant se produire à l'exclusion de l'autre et chacun ayant une probabilité bien définie, au sens du calcul des probabilités classique. Le premier détecteur $D+$ a une probabilité $|\alpha|^2$ de réagir et $D-$ une probabilité $|\beta|^2$.

Ainsi, on retrouve bien les deux premières règles de Copenhague : le résultat d'une mesure ne peut être qu'une valeur propre de l'observable mesurée et la probabilité correspondante est bien donnée par la formule (8.1). Ces deux règles résultent directement des principes généraux de la physique quantique, l'ingrédient essentiel étant l'action de la décohérence, qui résulte elle aussi de ces mêmes principes.

On peut cependant noter que la première règle était trop stricte et qu'il fallait la préciser davantage pour qu'elle devienne vraiment générale. Il n'est pas vrai que toute mesure fournisse la valeur d'une observable. Un détecteur comme le compteur Geiger ne donne pas *une* valeur de l'observable de position, mais un ensemble de valeurs, c'est-à-dire toutes celles qui sont intérieures au compteur. Ce n'est évidemment qu'un point de détail banal, mais les détecteurs plus complets que sont les chambres de Wilson, les chambres à bulles ou à fils, font mieux que mesurer la position d'une particule. Elles la fournissent en même temps que son impulsion, même si les marges d'erreur excèdent de beaucoup les bornes minimales imposées par les relations d'Heisenberg. En fait, un résultat de mesure se traduit toujours par une propriété quantique exprimée par un projecteur (dans ce cas, un projecteur du type de celui de la Figure 7.2, exprimant une propriété classique de la particule détectée par la chambre).

Cette expression générale d'un résultat de mesure par une propriété associée à un projecteur explique pourquoi les démonstrations les plus rigoureuses des règles de Copenhague s'appuient sur la méthode des histoires de Griffiths et sur la décohérence. On montre ainsi que la propriété « la valeur de la composante z du spin de l'atome est égale à + 1/2 », exprimant le résultat d'une mesure, est logiquement équivalente (au sens de la logique des histoires) à la propriété « le détecteur $D+$ a réagi ». Cette équivalence logique, implicite dans le langage courant, est donc parfaitement justifiée, bien que les deux propriétés aient trait à des objets différents.

Précisons enfin les rôles respectifs de l'amplification et de la décohérence dans une mesure. Le rôle de l'amplification est de porter le résultat à un niveau macroscopique directement observable, celui de la décohérence étant de rendre le phénomène irréversible. Il existe une multitude de « mesures » spontanées dans la nature, toujours fixées par la décohérence, mais rarement amplifiées. C'est le cas par exemple des traces de rayons cosmiques dans les roches, y compris les fragments de météorites et les échantillons lunaires. La décohérence les a fixées au moment de leur production, mais leur observation éventuelle n'a lieu que très longtemps après, quand on amplifie leur présence par des moyens chimiques.

Le rôle essentiel de la décohérence apparaît de manière particulièrement nette dans l'élucidation d'un exemple proposé par Wigner antérieurement à l'idée de décohérence. Il s'appuie à nouveau sur l'expérience de Stern et Gerlach, mais sans introduire des détecteurs sur les chemins 2 et 2′ de la Figure 8.2. Wigner faisait remarquer que les deux branches de la fonction d'onde, décrivant l'atome sur ces deux chemins, restent corrélées en phase. On peut donc concevoir qu'un dispositif magnétique bien conçu puisse ramener les deux chemins sur un seul : le chemin 3 indiqué sur la Figure 8.3. La fonction d'onde initiale est alors reconstituée sous sa forme antérieure, à un simple déplacement près. L'état de spin initial est lui aussi reconstitué et il n'y a jamais eu de mesure. En revanche, la présence des détecteurs se traduit par des effets de décohérence irréversibles dans chacun d'eux. Or on a vu que le propre de la décohérence est de détruire les corrélations de phase, comme son nom l'indique. Même si l'atome pouvait traverser les détecteurs et en ressortir intact, les corrélations de phase des deux états possibles seraient détruites et il serait impossible de reconstituer l'état de spin initial, la fonction d'onde antérieure de l'atome s'avérant définitivement perdue.

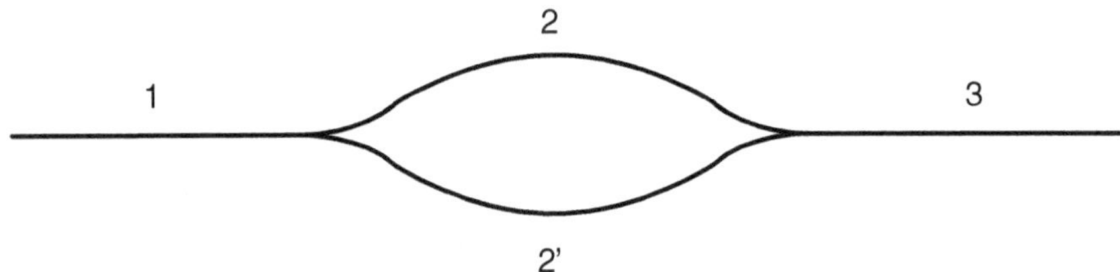

Figure 8.3 : L'exemple de Wigner.

La troisième règle de Copenhague

Souvent, l'objet mesuré est perdu à la fin de la mesure. Ainsi, l'atome d'argent dont nous parlions n'est pas détruit, mais il peut se trouver perdu parmi les milliards d'atomes du détecteur. La troisième règle de Copenhague s'applique seulement au cas où l'objet mesuré reste intact et disponible, par exemple toujours le même atome d'argent ressortant du détecteur. L'intérêt pratique de cette règle est de pouvoir prédire les probabilités d'une seconde expérience de mesure intervenant après la première. Cela correspond à une situation très fréquente où la première mesure, ou toute une série de détections préalables, sert de préparation à la mesure la plus importante. On peut donc dire que cette règle est indispensable à la physique expérimentale.

Or, comme on le signalait dans la Formule (8.2), la troisième règle semble contredire la linéarité quantique et s'opposer en conséquence à l'évolution prédite par l'équation de Schrödinger. C'est du moins un argument qu'on a pu entendre répéter à satiété pendant longtemps, mais qui ne tenait qu'à une vision trop étroite. Il concentrait toute l'attention sur l'objet mesuré que nous avons désigné par M ; on considérait donc la fonction d'onde de M avant, puis après la mesure et on ne tenait aucun compte du caractère quantique de l'appareillage expérimental, que nous avons désigné par E. On n'en tenait pas compte parce qu'on ne savait pas comment le faire, tant qu'on n'avait pas éclairci la description quantique d'un appareil macroscopique ayant un comportement classique. Les mesures prenaient ainsi une importance disproportionnée dans les considérations théoriques, alors qu'elles n'étaient qu'une forme d'interaction parmi d'innombrables autres.

Dans la description moderne, toute violation de l'équation de Schrödinger a disparu. Pour bien la formuler, il ne faut pas perdre de vue le fait que la mesure est une interaction, de sorte que tout ce qui y intervient doit être traité de façon quantique, y compris l'appareillage. Nous l'illustrerons donc par l'exemple suivant : un atome d'argent a été préparé dans l'état de spin précédemment décrit :

$$|\psi\rangle = \alpha \left| S_z = +1/2 \right\rangle + \beta \left| S_z = -1/2 \right\rangle. \quad (8.3)$$

Un appareillage E mesure la composante z du spin de l'atome et nous nous intéresserons spécialement au cas où celui-ci ressort du détecteur avec la valeur +1/2 pour cette composante. La décohérence a eu lieu dans ce détecteur et a brouillé toutes les phases de ses fonctions d'onde internes, de sorte que rien d'accessible ne garde la trace des états antérieurs à la mesure, ni ne permet l'accès à un état où la mesure aurait donné le résultat − 1/2. En d'autres termes, la décohérence a coupé les ponts avec le passé et avec les alternatives irréalisées. Rappelons que, néanmoins, ces propriétés de la décohérence résultent de l'équation de Schrödinger appliquée à la totalité des degrés de liberté du système $M + E$.

Un second appareillage E' mesure à nouveau la composante du spin de l'atome, mais cette fois le long d'une certaine direction n. Pour prédire les résultats possibles, il faut réécrire l'état de spin de l'atome à la sortie de l'appareil E comme une superposition des états de spin le long de la direction n, ce qui donne :

$$\left|S_z = +1/2\right\rangle = \alpha'\left|S_n = +1/2\right\rangle + \beta'\left|S_n = -1/2\right\rangle. \qquad (8.4)$$

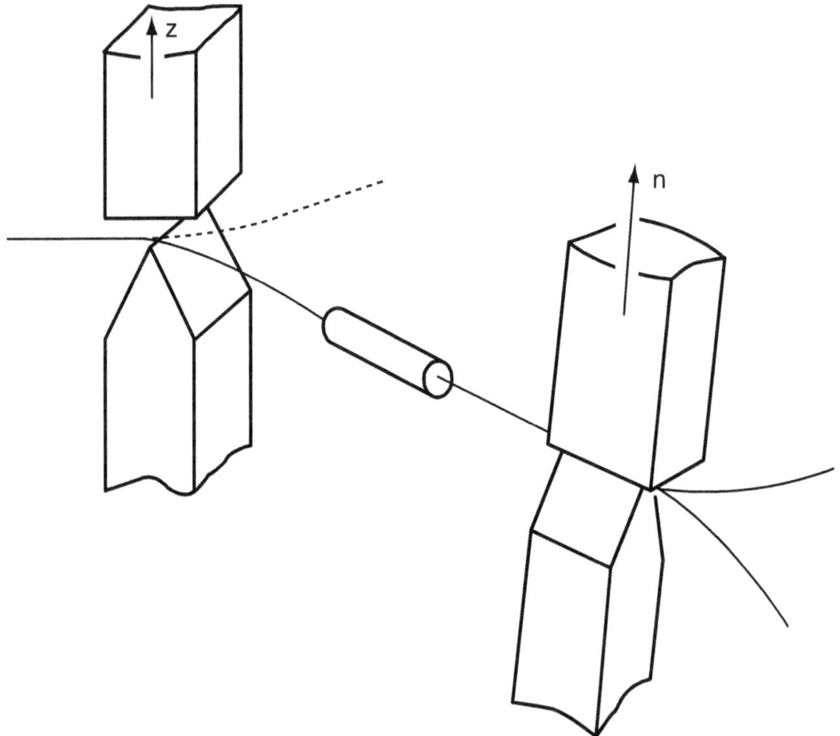

Figure 8.4 : Deux mesures successives.

À présent, nous allons cesser de nous concentrer sur des fonctions d'onde de l'atome dont on sait maintenant qu'elles ne suffisent pas pour comprendre. Il faut considérer tout un système quantique dans lequel on inclut au minimum les trois systèmes M, E et E' entre lesquels des interactions se produisent. Leur état collectif n'est évidemment pas un état pur, il ne peut être décrit que par une matrice densité. Il est en outre impossible de connaître exactement celle-ci et, comme dans le chapitre 5, on ne retient que ce qui est accessible, c'est-à-dire une matrice densité réduite dans laquelle la décohérence se manifeste par une forme quasi diagonale après la mesure. Il sera commode d'éviter des formules mathématiques trop lourdes à force de vouloir être explicites et nous raisonnerons comme suit :

Il existe à chaque instant une grande matrice densité du système $M + E + E'$, mais au début, nous ne nous intéressons pas à E'. Nous l'ignorons, ce qui correspond à prendre la trace de la grande matrice densité par rapport à tous les degrés de liberté de E'. Après quoi, nous prenons encore la trace de ce qui reste par rapport aux degrés de liberté inaccessibles de E, en obtenant une matrice densité réduite du système $M + E$. Plutôt que l'écrire sous forme mathématique, on peut la décrire verbalement en disant qu'avant l'expérience, cette matrice densité exprime simplement les propriétés suivantes : « Les détecteurs de E sont en position neutre et l'état de M est ψ. »

Après la mesure, quand la décohérence a eu lieu, la matrice densité réduite a pris une forme diagonale qu'on peut écrire ainsi :

$$|\alpha|^2 \text{ « Le détecteur } D+ \text{ a réagi et enregistré,}$$
$$\text{l'état de } M \text{ est donné par } S_z = +\ 1/2 \text{ »}$$
$$+\ |\beta|^2 \text{ « Le détecteur } D- \text{ a réagi et enregistré,}$$
$$\text{l'état de } M \text{ est donné par } S_z = -\ 1/2 \text{ »} \qquad (8.5)$$

Dans la réalité de l'expérience, on constate par exemple que le premier cas est réalisé, le détecteur $D+$ ayant enregistré. Il n'y a donc plus lieu de tenir compte des possibilités à jamais disparues avec leurs souvenirs inaccessibles et la matrice densité réduite qui décrit la situation est la suivante :

$$\text{« Le détecteur } D+ \text{ a réagi et enregistré,}$$
$$\text{l'état de } M \text{ est donné par } S_z = +\,1/2. \text{ »} \qquad (8.6)$$

L'opération qui fait passer de la forme (8.5) à la forme (8.6) n'a rien de mystérieux. C'est simplement la prise en compte de l'information apportée par la mesure, compte tenu du fait que l'état d'un système traduit seulement l'information accessible sur lui. Cette opération peut se traduire aussi sur la grande matrice densité du système $M + E + E'$ en utilisant judicieusement les projecteurs associés aux deux propriétés « le détecteur $D+$ a réagi et enregistré » et « l'état de M est donné par $S_z = +\,1/2$ ».

On peut ainsi démontrer que les règles de Copenhague pour la théorie de la mesure ne sont pas des hypothèses supplémentaires qui s'ajouteraient aux principes de la théorie quantique, mais des conséquences directes de ces principes. La démonstration la plus complète fait appel au contenu des trois chapitres précédents, c'est-à-dire à la décohérence, à l'inclusion de la physique classique dans le cadre quantique et à la méthode des histoires de Griffiths assurant la cohérence logique du compte-rendu des expériences. La mécanique quantique apparaît ainsi comme une théorie à la fois universelle et d'une cohérence extrême. L'étendue immense de ses conséquences en fait sans aucun doute le plus extraordinaire et le plus fondamental faisceau de lois de la nature.

La question de la réalité

Le problème de l'unicité

Les lois de la nature sont une pure merveille qu'on ne cesse jamais de contempler, mais leur approfondissement n'a pas de fin. Toute réponse débouche toujours sur des questions nouvelles.

En fin de compte, un chat est-il vivant ou mort ? Il suffit de l'examiner pour le savoir et la réponse est unique. L'unicité du monde réel va de soi et personne ne s'était posé de question là-dessus, jusqu'au moment où les lois quantiques apparurent. Ce qui était évident devint alors un problème dont la réponse est encore incertaine aujourd'hui : comment réconcilier en profondeur la totale liberté des possibles des lois quantiques avec l'unicité absolue de la réalité ?

Nous avions rencontré l'universalité du possible dès le début de ce livre avec les histoires de Feynman. Celles-ci sont fondamentales en physique des particules, mais elles ont encore peu de place dans l'interprétation où l'on insiste surtout sur un phénomène plus restreint : l'intervention du hasard au moment d'une mesure. Cela donna naissance en philosophie des sciences au problème de la réalité, où le hasard absolu s'oppose à la réalité unique[8].

La question centrale, de ce point de vue, est de comprendre comment la réalité peut apparaître unique alors que les lois qui la gouvernent se fondent sur une théorie où entrent tous les possibles. Historiquement, ce problème est apparu à propos des mesures quantiques où la théorie prévoyait la possibilité de résultats divers en ne prédisant que des probabilités d'occurrence pour chacun d'eux. Elle ne suggérait aucun mécanisme, aucune explication pour le tirage au sort, qui semblait avoir lieu à l'issue de chaque mesure en n'attestant qu'un résultat unique et définitif.

Comment passe-t-on ainsi du possible au réel ? La réponse de Bohr et de l'école de Copenhague reposait sur un postulat supposant qu'une « réduction » de la fonction d'onde se produisait au moment de la mesure. La fonction d'onde initiale, celle dont on déduisait des probabilités *a priori*, disparaissait soudain, avec les conséquences qu'elle avait dans tout l'univers, et se trouvait remplacée par une fonction d'onde nouvelle. Cela revenait évidemment à ne plus considérer l'équation de Schrödinger comme universelle, puisque l'évolution qu'elle contrôlait se trouvait brisée par chaque mesure. Mais une mesure n'est, à tant faire, qu'une interaction particulière entre un objet quantique et un appareil un peu spécial obéissant, lui aussi, aux lois quantiques, au moins dans ses atomes. Pourquoi un cas aussi particulier aurait-il une importance aussi essentielle ? John Bell a critiqué cette surévaluation des mesures, mais la question de la compatibilité entre des possibilités théoriques multiples et une réalité empirique unique n'en reste pas moins toujours latente.

Les essais de réponse

La réponse la plus simple passe par l'empirisme[9]. Elle s'appuie sur un caractère général des théories physiques qui ne portent jamais que sur des éventualités. C'était déjà vrai pour la physique classique, car l'unicité de la réalité n'était pas absolument nécessaire à ses lois ; en effet, ce n'est que lorsqu'on la pose dans les conditions initiales que le déterminisme implique qu'elle va demeurer unique. La mécanique statistique classique à la manière de Boltzmann envisageait une réalité unique, mais partiellement inconnaissable et ainsi décrite par le hasard, c'est-à-dire en fait des conditions initiales multiples. C'était encore plus manifeste chez Gibbs, chez qui ces conditions multiples constituaient les ensembles (microcanoniques, canoniques et grands canoniques) sur lesquels il fondait la théorie. Il est vrai que la mécanique quantique ne justifie plus l'intervention du hasard par l'ignorance de l'état initial exact, mais elle continue plus que jamais à ne faire entrer dans ses lois que des possibilités.

De ce point de vue empirique, le véritable problème ne serait pas de démontrer que la réalité empirique est unique, mais seulement d'établir que cette unicité est *compatible* avec les lois quantiques, comme elle l'était déjà en physique classique. Or c'est bien ce qui se passe avec la décohérence. Des possibilités diverses apparaissent lors d'une mesure, mais la décohérence les transforme en autant d'événements mutuellement exclusifs, régis par le calcul des probabilités. Tout retour en arrière est impossible, ou plutôt inaccessible (au sens donné dans le chapitre 5) et la mesure se présente comme un tirage dont le mécanisme n'appartient pas à la théorie quantique. Celle-ci ne dit rien sur l'unicité de la réalité, mais la décohérence implique qu'elle est cohérente avec cette unicité. C'est bien ce que montre la théorie des histoires de Griffiths, puisqu'on a vu qu'on pouvait faire entrer la donnée de la mesure comme une *information* supplémentaire, sans rien modifier à la théorie. La conclusion de l'école empiriste est donc que l'unicité de la réalité n'est pas prédite par la théorie quantique, ni d'ailleurs par aucune autre théorie, mais qu'elle ne contredit pas cette unicité, comme on doit l'attendre de toute théorie correcte.

Sans nécessairement s'opposer à cette réponse, des philosophes font remarquer qu'elle revient à remettre en question la capacité des théories à expliquer tous les aspects de la réalité. Ce thème est en effet bien connu aussi en philosophie des sciences où il porte le nom de « programme cartésien », en référence à Descartes qui énonça le premier que la réalité devait être entièrement soumise aux mathématiques[10]. On pourrait parler aussi bien de « programme galiléen », puisque Galilée fut le premier à dire que le livre de la nature est écrit en langue mathématique. Ce postulat cartésien ou galiléen est-il absolument vrai, ou ne s'applique-t-il, en fin de compte, qu'à certains caractères de la réalité ? En d'autres termes, l'unicité de la réalité pose-t-elle un problème à la physique ou seulement à la philosophie des sciences[11] ? Il va sans dire que la grande majorité des physiciens opte pour la première réponse.

Parmi les hypothèses qui vont dans ce sens, on peut citer la théorie des univers multiples d'Herbert Everett, bien qu'elle semble appartenir davantage à la métaphysique qu'à la physique proprement dite[12]. Son postulat de départ est une acceptation absolue des lois quantiques et d'un rôle essentiel, absolu, des mesures quantiques. On suppose alors que l'univers possède d'innombrables branches distinctes qui apparaissent et se séparent les unes des autres, bourgeonnant pourrait-on dire chaque fois qu'une mesure quantique se produit, en général de façon spontanée, n'importe où et n'importe quand. Une fois séparées, les branches s'ignorent mutuellement ; aucune information ne va de l'une à l'autre, aucune expérience effectuée dans l'une ne permet d'accéder à ce qui a lieu dans les autres. Cette théorie appartient à mon avis à ces hypothèses qui font grand bruit dans les médias et grand effet dans les romans, mais on se demande quel créateur, quel démiurge prodigue pourrait croire aux lois qu'il promulgue au point de créer un nouvel univers chaque fois qu'un rayon cosmique traverse un grain de poussière dans une galaxie lointaine ?

Une autre proposition a été avancée par Von Neumann, et soutenue par la suite par Fritz London et Edmond Bauer, puis par Eugène Wigner[13]. Elle proposait d'échapper aux difficultés du « chat de Schrödinger » en attribuant un rôle actif à la conscience dont on a vu, au chapitre 4, la tendance irrépressible à décider spontanément entre plusieurs éventualités comparables, comme dans le cas du squelette d'un cube. Dans l'interprétation en question, la conscience d'un observateur agissait, en quelque sorte, en élisant une donnée unique parmi les résultats d'une mesure quantique. On peut lire encore aujourd'hui des articles qui reprennent cette idée, mais elle est devenue plus étrange encore qu'au moment de son apparition, avec l'avènement de l'informatique. La plupart des données expérimentales ne sont plus constatées maintenant par des observateurs humains, mais « lues » par des ordinateurs qui font directement la statistique d'un grand nombre d'événements. Les physiciens humains ne prennent connaissance, après coup, que de bilans déjà faits par l'électronique. Imagine-t-on alors que la lecture d'un disque dur, des semaines ou des mois après la saisie des données, détermine soudain celles-ci ? Peut-être est-ce dommage pour les parapsychologues, mais l'ordinateur a tué l'un de leurs arguments favoris, selon lequel la mécanique quantique apporterait la preuve d'une action de l'esprit sur la matière...

Si l'on se tourne à présent vers les théories vraisemblables, la première à laquelle on songe est due à David Bohm et suscite toujours un grand intérêt chez les philosophes des sciences qui y voient une issue pour le réalisme[14]. On suppose qu'une particule, par exemple un électron, est « réellement » localisée en un point unique de l'espace. La dynamique de ce point x est classique, mais un potentiel d'origine quantique agit sur elle. Ce potentiel dépend de la fonction d'onde, laquelle obéit quant à elle à l'équation de Schrödinger. L'idée de départ est donc que la mécanique quantique est incomplète, comme Einstein le supposait, et qu'il faut la compléter par l'adjonction de particules réelles. La fonction d'onde n'apparaît plus ainsi que comme une « onde-pilote » dont l'idée avait été proposée pour la première fois par de Broglie.

Bohm a développé sa théorie avec une remarquable élégance, en obtenant des résultats frappants dans le cas de la physique non relativiste. Malheureusement, les études ont été faites le plus souvent dans un esprit de controverse, certains cherchant à soutenir la thèse de Bohm et d'autres s'efforçant d'y trouver des failles. Personne apparemment n'a tenté de comprendre pourquoi, du seul point de vue mathématique, il était possible de doubler la description quantique par une description « réaliste », ce qui permettrait de mieux la comprendre. La théorie de Bohm s'est heurtée au problème des champs quantiques, qu'elle n'a jamais réussi à résoudre vraiment. L'obstacle est de taille en effet, car qu'y a-t-il de réel par exemple dans la lumière, est-ce le champ électromagnétique ou le photon ? Alors que depuis plus d'un demi-siècle tous les succès de la physique des particules ont été acquis grâce à la théorie quantique des champs et reposent sur eux, la théorie de Bohm n'a jamais pu franchir ce seuil de façon convaincante et cela ne plaide guère en sa faveur aux yeux de nombreux physiciens.

Alors que l'école de Copenhague supposait l'existence d'un effet de réduction global, une théorie proposée par Ghiradi, Rimini et Weber suppose un effet analogue, étranger à la physique quantique, qui agirait localement sur les fonctions d'onde[15]. D'autres hypothèses envisagent une modification non linéaire de l'équation de Schrödinger[16]. D'autres encore s'orientent vers une action exercée sur l'espace-temps, conforme aux principes quantiques ou les prolongeant, qui assurerait l'unicité de l'espace[17]. On voit qu'en tout état de cause, le problème reste largement ouvert : effet physique nouveau, conséquence encore inexplorée des principes fondamentaux, existence d'une réalité microscopique, limitation absolue des théories physiques, ou peut-être une idée à laquelle personne encore n'a songé, on ne peut conclure. Quoi qu'il en soit, le point de vue empirique reste valable : quand on s'en tient aux seuls faits expérimentaux, les principes quantiques suffisent à tout comprendre et sont compatibles avec le dernier pan de mystère, l'unicité du Réel.

Appendice mathématique

(ou le minimum
de mathématiques indispensables)

La physique quantique est une science formelle dont les concepts et les lois ne sont exprimables de façon claire que dans un langage mathématique. En d'autres termes, le monde des atomes et des particules est si loin de nos habitudes, si souvent troublant pour le sens commun, que les mathématiques doivent y suppléer l'intuition.

Que faut-il connaître alors en mathématiques pour aborder la physique quantique ? Un minimum est nécessaire, de toute évidence, et cet Appendice est destiné à le donner ou le rappeler. La liste, heureusement, n'est pas très longue et comporte essentiellement quelques notions sur les nombres complexes et les bases de l'algèbre linéaire. Une certaine intégrale classique se révélera également utile en nous permettant d'introduire quelques autres outils nécessaires.

Les nombres complexes

Il est tout à fait remarquable que la physique quantique ne puisse se passer de faire appel à des nombres complexes, bien que les quantités qu'on mesure en laboratoire s'expriment toujours par des nombres ordinaires, réels. Les nombres complexes reposent sur l'intervention d'une quantité nommée i, qui n'est pas un nombre réel. Un nombre complexe est de la forme $z = a + bi$, où a et b sont des nombres réels, appelés respectivement « partie réelle » et « partie complexe » de z. À tout nombre complexe de cette forme, on peut associer un autre nombre complexe $z^* = a - ib$, le complexe conjugué de z, souvent noté aussi $\bar{z}$ en mathématiques. On peut ajouter les nombres complexes en ajoutant les parties réelles et les parties imaginaires. On peut aussi les multiplier en utilisant les règles ordinaires de l'algèbre et en remplaçant partout le carré i^2 par -1, chaque fois qu'il apparaît dans les calculs.

Le module de z est le nombre positif $|z| = \sqrt{a^2 + b^2}$. Notons qu'on peut écrire aussi $|z|^2 = zz^*$. Le quotient $z/|z| = a' + b'i$ a donc pour module 1, avec $a'^2 + b'^2 = 1$, de sorte qu'on peut introduire un angle φ appelé « la phase du nombre complexe z », tel que $a' = \cos\varphi$ et $b' = \sin\varphi$. La relation d'Euler, $e^{i\varphi} = \cos\varphi + i\sin\varphi$, montre alors que $z = |z|e^{i\varphi}$ (en supposant connue la fonction exponentielle). On représente fréquemment un nombre complexe z par un vecteur dans un plan (dit plan complexe), ayant son origine à l'origine des coordonnées, l'axe des abscisses portant la partie réelle a et l'axe des ordonnées portant la partie imaginaire b. La longueur du vecteur est le

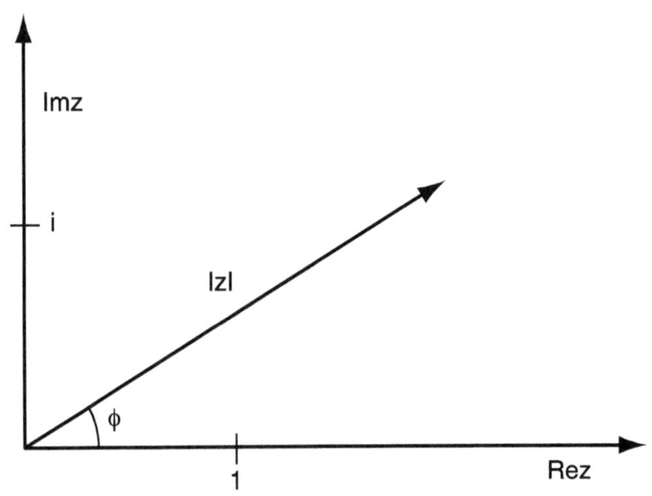

Figure A.1 : Représentation des nombres complexes.

module $|z|$ et la phase φ est l'angle formé par l'axe des abscisses (appelé aussi axe réel) et le vecteur représentant le nombre complexe (voir la Figure A.1).

L'addition de deux nombres complexes correspond alors à l'addition vectorielle de leurs vecteurs représentatifs. Le module d'un produit zz' est le produit des deux modules $|z|.|z'|$ et la phase de zz' est la somme des deux phases $\varphi + \varphi'$.

Les formes linéaires

Un principe fondamental de la physique quantique est le « principe de superposition », impliquant en particulier que la somme de deux fonctions d'onde est une autre fonction d'onde. À mesure qu'on avance dans ce livre, on voit que ce principe est à la fois la base de l'universalité des lois quantiques et l'origine de la plupart de ses différences avec la physique classique des objets ordinaires qui nous entourent. Le principe de superposition est intimement lié aux mathématiques linéaires qui apparaissent aussi bien en algèbre qu'en géométrie et en analyse et dont nous allons décrire les traits essentiels.

Considérons en algèbre n variables réelles $(x_1, x_2, ..., x_n)$, leur nombre n étant quelconque mais souvent pris égal à 2 ici pour alléger l'écriture ; pour la même raison, on désignera souvent simplement par x l'ensemble de ces n variables. On notera également sous la forme $x + x'$, comme pour des vecteurs, l'addition de deux suites de variables $(x_1, x_2, ..., x_n)$ et $(x'_1, x'_2, ..., x'_n)$ pour former la suite des sommes $(x_1 + x'_1, x_2 + x'_2, ..., x_n + x'_n)$. Si k est un nombre réel quelconque, on désignera par kx l'ensemble $(kx_1, kx_2, ..., kx_n)$.

Une forme linéaire de ces variables est, par définition, un polynôme homogène du premier degré, c'est-à-dire dans le cas de deux variable (x_1, x_2) un polynôme de la forme $a_1 x_1 + a_2 x_2$ avec des coefficients réels (a_1, a_2). Si l'on désigne ce polynôme par $f(x)$, on constate qu'il jouit des deux propriétés suivantes :

$$f(x + x') = f(x) + f(x'), \qquad \text{(A.1a)}$$
$$f(kx) = k\, f(x). \qquad \text{(A.1b)}$$

Ces deux conditions imposent, réciproquement, que la fonction $f(x)$ de n variables $(x_1, x_2, ..., x_n)$ est une forme linéaire, c'est-à-dire un polynôme homogène du premier degré. Nous nous contenterons de l'admettre.

Le cas de l'espace euclidien

On a souvent l'occasion de considérer le cas où les quantités $(x_1, x_2, ..., x_n)$ sont les coordonnées d'un certain vecteur x dans un espace euclidien à n dimensions, par rapport à un certain système d'axes de coordonnées orthogonaux. On appelle *norme* de x et on désigne par $\|x\|$ la quantité $\sqrt{x_1^2 + x_2^2 + ... + x_n^2}$, appelée aussi quelquefois le module ou la longueur du vecteur. Le *produit scalaire* (x, x') de deux vecteurs x et x' de composantes $(x_1, x_2, ..., x_n)$ et $(x'_1, x'_2, ..., x'_n)$ est défini par

$$(x, x') = x_1\, x'_1 + x_2\, x'_2 + ... + x_n\, x'_n. \qquad \text{(A.2)}$$

On constate que le produit scalaire est une forme bilinéaire, c'est-à-dire linéaire en x et en x' et l'on dit que deux vecteurs sont orthogonaux quand leur produit scalaire est nul. On note en outre que la norme est reliée au produit scalaire par $\|x\|^2 = (x, x)$. Rappelons que le produit scalaire (x, x') peut aussi être défini de manière géométrique comme le nombre $\|x\|.\|x'\|\cos\alpha$, où α désigne l'angle entre les deux vecteurs x et x'.

Applications linéaires et matrices

Nous aurons aussi besoin du calcul des matrices, que nous introduisons à présent. Une application $x \to x'$ qui transforme un vecteur arbitraire x en un autre vecteur x' est dite « linéaire » si toutes les composantes de x' sont des formes linéaires en x, c'est-à-dire, dans le cas à deux dimensions, si l'on a :

$$x_1' = a_{11}\, x_1 + a_{12}\, x_2, \qquad \text{(A.3)}$$
$$x_2' = a_{21}\, x_1 + a_{22}\, x_2,$$

où les coefficients a_{jk} (j et k prenant les valeurs 1 ou 2) sont des nombres réels fixés. On appelle « matrice » l'ensemble de ces coefficients a_{ij}, ceux-ci étant alors appelés les *éléments* d'une matrice qu'on écrit sous la forme d'un tableau carré

$$A = \begin{pmatrix} a_{11} & a_{12} \\ a_{21} & a_{22} \end{pmatrix}. \qquad (A.4)$$

Les opérations algébriques sur les matrices sont l'addition $A + B$, obtenue en ajoutant leurs éléments, la multiplication kA par un scalaire k qui consiste à multiplier tous les éléments par k et le produit AB de deux matrices. Ce produit est obtenu en considérant deux applications linéaires successives, d'abord la transformation $x \rightarrow x'$ sous l'action d'une matrice B puis la transformation $x' \rightarrow x''$ sous l'action de A (les deux opérations se succèdent dans l'ordre du produit AB lu de droite à gauche, cette convention étant fixée depuis près de deux siècles). Comme les transformations A et B sont linéaires, la transformation $x \rightarrow x''$ est également linéaire, ou en d'autres termes, un polynôme homogène du premier degré dont les variables sont des polynômes de même espèce est encore un polynôme de même espèce. La transformation $x \rightarrow x''$ est donc donnée par une matrice produit qu'on écrit sous la forme $C = AB$. On constate alors que cette matrice produit a en général pour éléments les quantités :

$$c_{jk} = \sum_{m=1}^{n} a_{jm} b_{mk}. \qquad (A.5)$$

Il est très important de noter que le produit des matrices n'est pas commutable, ou en d'autres termes que le produit BA est en général différent du produit AB. Cette propriété de non-commutation joue un rôle très important en mécanique quantique où l'on est souvent amené à introduire le *commutateur* de deux matrices, que l'on note $[A, B]$ et qui est égal à la différence $AB - BA$.

On supposera connue la notion de déterminant d'une matrice ainsi que le calcul de ce nombre. Souvent, il suffit de connaître le déterminant d'une matrice A à deux lignes et deux colonnes, comme dans l'équation (A.4), auquel cas le déterminant de A, noté det A, est donné par la quantité

$$\det A = a_{11}a_{22} - a_{12}a_{21}. \qquad \text{(A.6)}$$

Le déterminant a une interprétation géométrique. Si on désigne par u_1 le vecteur dont les composantes (a_{11}, a_{12}) constituent la première ligne de la matrice (A.4) et par u_2 le vecteur dont les composantes (a_{21}, a_{22}) sont dans la deuxième ligne, le déterminant de la matrice est l'aire du parallélogramme construit sur les deux vecteurs u_1 et u_2, cette interprétation s'étendant au volume d'un parallélépipède à n dimensions dans le cas d'une matrice à n lignes et n colonnes.

Nous aurons également besoin de la *trace* d'une matrice A, c'est-à-dire la somme de ses éléments diagonaux, ou encore :

$$\text{Tr}(A) = a_{11} + a_{22} + \ldots + a_{nn}. \qquad \text{(A.7)}$$

On montre en effet au chapitre 5 que la trace intervient de manière essentielle dans le calcul des propriétés statistiques des quantités quantiques et dans la signification de l'effet de décohérence.

On montre dans les notes qu'on peut permuter les matrices dans la trace d'un produit de deux matrices[1], c'est-à-dire

$$\text{Tr}(AB) = \text{Tr}(BA). \qquad \text{(A.8)}$$

Il résulte de l'équation (A.8) qu'on peut opérer une permutation circulaire des facteurs dans un produit de plusieurs matrices, par exemple : $\text{Tr}(ABC) = \text{Tr}(CAB)$ car $\text{Tr}(ABC) = \text{Tr}\{(AB)C\}$, ce qui est égal à $\text{Tr}\{C(AB)\}$ d'après (A.6), c'est-à-dire à $\text{Tr}(CAB)$.

Espaces d'Hilbert

Les espaces d'Hilbert constituent le cadre mathématique dans lequel la physique quantique s'exprime sous la forme la plus efficace et la plus commode. Un espace d'Hilbert de dimension finie n est simplement la version complexe d'un espace vectoriel euclidien de dimension n. Les composantes $(x_1, x_2, \ldots, x_n)$ sont alors des nombres complexes, de même que les coefficients a_{jk} des applications linéaires et des matrices à n lignes et n colonnes qui les représentent. La norme d'un vecteur est cette fois donnée par

$$\|x\|^2 = \sum_{j=1}^{n} |x_j|^2 \qquad (A.9)$$

et le produit scalaire est défini par

$$(x, x') = x_1^* x'_1 + x_2^* x'_2 + ... + x_n^* x'_n, \qquad (A.10)$$

où l'astérisque dénote l'opération de conjugaison complexe. Cette expression du produit scalaire est toujours celle qu'on utilise en mécanique quantique, mais les mathématiciens en utilisent une autre, qui s'écrit $x_1 x'_1{}^* + x_2 x'_2{}^* + ... + x_n x'_n{}^*$; c'est une pure affaire de convention.

On note que ce produit est linéaire en x', puisque l'on a :

$$(x, x' + y') = (x, x') + (x, y'), \quad (x, kx') = k(x, x'). \qquad (A.11)$$

En revanche, on a bien $(x + y, x') = (x, x') + (y, x')$, mais $(kx, x') = k^*(x, x')$, comme on le montre dans les notes[2]. Remarquons aussi que

$$(x, x') = (x', x)^*. \qquad (A.12)$$

On désigne par Ax une application linéaire du type (A.3) et l'on dit aussi souvent que la matrice A agit comme un *opérateur linéaire*, ou tout simplement un opérateur, sur les vecteurs x de l'espace d'Hilbert. Étant donné une matrice A d'éléments complexes a_{jk}, on définit la matrice A^T transposée de A en effectuant une symétrie des éléments de la matrice par rapport à la diagonale principale ou, ce qui revient au même, en échangeant les indices de lignes et de colonnes. On définit également la matrice $A^\dagger$ *adjointe* de A comme ayant pour ses éléments d'indices j, k les quantités a_{kj}^*, c'est-à-dire en effectuant une transposition et une conjugaison complexe. L'importance de l'adjoint résulte de la relation souvent utilisée :

$$(x, Ax') = (A^\dagger x, x'), \qquad (A.13)$$

qui permet de remplacer l'action d'un opérateur sur un vecteur apparaissant dans un produit scalaire par l'action de l'opérateur adjoint sur l'autre vecteur.

Matrices hermitiennes

Les matrices hermitiennes qu'on va considérer maintenant jouent un rôle central en physique quantique où elles remplacent les quantités physiques classiques habituelles, comme les coordonnées de la position, de l'impulsion, du moment cinétique, ou l'énergie, et bien d'autres. On ne les considère pour l'instant que sous l'angle mathématique.

On dit qu'une matrice est « hermitienne » (ou « auto-adjointe ») quand elle est égale à son adjointe. Dans ce cas, l'équation précédente devient

$$(x, Ax') = (Ax, x'). \qquad \text{(A.14)}$$

On dit qu'un vecteur x est *vecteur propre* de la matrice hermitienne A avec la *valeur propre* a si l'on a :

$$Ax = ax. \qquad \text{(A.15)}$$

Une propriété d'une grande importance, qui conditionne l'interprétation mathématique des opérations de mesure en physique quantique, repose sur le théorème suivant, établi dans les notes : les valeurs propres d'une matrice hermitienne sont des nombres réels et les vecteurs propres associés à deux valeurs propres différentes sont orthogonaux[3].

On peut démontrer qu'une matrice hermitienne de dimension n possède n vecteurs propres orthogonaux, certaines des valeurs propres associées à ces vecteurs pouvant parfois être égales. Ainsi, un système d'axes orthogonaux dans l'espace d'Hilbert se trouve naturellement associé à toute matrice hermitienne.

Intégrales gaussiennes, fonctions delta et transformations de Fourier

L'algèbre linéaire, qui ne traite que d'un nombre fini de variables, se prolonge par une analyse linéaire où l'on ajoute des fonctions d'onde et non plus des variables pour exprimer le principe de superposition. Ce type d'analyse constitue une vaste branche des mathématiques, dont tous les éléments ont été exploités en physique quantique à l'occasion de multiples problèmes. C'est aussi celui que nous essaierons de réduire à un minimum.

Commençons par une certaine intégrale de grande importance. On raconte à ce propos que quelqu'un se disant physicien poursuivait un jour Richard Feynman de questions si oiseuses qu'à la fin, celui-ci n'accepta de poursuivre la conversation que si l'autre répondait lui-même à une question. Le fâcheux accepta et Feynman lui demanda alors la valeur d'une certaine intégrale. L'autre répondit qu'il l'avait déjà rencontrée et qu'il la retrouverait aisément dans une table s'il en avait besoin. Sur quoi Feynman déclara qu'il ne dirait pas un mot de plus car personne à son avis ne pouvait se dire physicien s'il ne fournissait aussitôt, sans la moindre hésitation, la valeur de l'intégrale suivante :

$$\int_{-\infty}^{+\infty} \exp(-x^2/2)dx = \sqrt{2\pi}. \tag{A.16}$$

On verra en effet que ce résultat contient en puissance un grand nombre des outils d'analyse dont on a besoin en physique quantique (ainsi que dans d'autres domaines de la physique) et on la retrouve dans ce livre à plusieurs reprises. Le calcul explicite de cette intégrale est donné dans les notes[4].

En physique quantique, on la rencontre souvent sous la forme

$$\int_{-\infty}^{+\infty} \exp(-x^2/2a^2)dx = \sqrt{2\pi a^2}, \tag{A.17}$$

où le nombre a^2 peut prendre des valeurs complexes. Notons que la partie réelle de $1/a^2$ doit être positive pour que l'exponentielle ne diverge pas à l'infini, mais on peut continuer à lui donner un sens quand $1/a^2$ est un nombre imaginaire pur, la formule (A.17) restant valable. Nous admettrons ce résultat qui fait appel, en toute rigueur, à la théorie des distributions.

La fonction $\exp(-x^2/2a^2)$ est représentée par une courbe en cloche, appelée « gaussienne » et représentée sur la Figure A.2. On note que le nombre a donne une indication de la largeur de cette courbe, qui est étroite pour de petites valeurs de a et étalée quand a devient grand et nous exploiterons bientôt ces propriétés de la largeur. On notera aussi les intégrales utiles :

$$\int x\exp(-x^2/2a^2)dx = 0, \quad \int \frac{x^2}{\sqrt{2\pi a^2}}\exp(-x^2/2a^2)dx = a^2, \tag{A.18}$$

où les bornes d'intégration infinies sont sous-entendues.

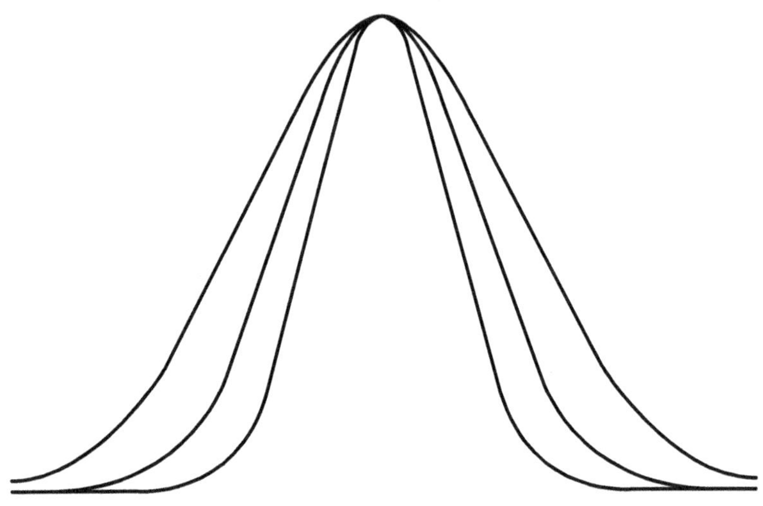

Figure A.2 : Des fonctions gaussiennes.

La fonction delta de Dirac

La « fonction delta » de Dirac fut inventée pour les besoins de la mécanique quantique avant d'être une des origines de la théorie mathématique des distributions. On peut l'aborder en considérant des fonctions gaussiennes de plus en plus étroites, comme la fonction que nous appellerons $\delta_\varepsilon(x)$ égale à $(1/\varepsilon\sqrt{2\pi})\exp(-x^2/2\varepsilon^2)$, ε étant un nombre positif très petit. C'est une fonction gaussienne extrêmement étroite dont la plus grande valeur est atteinte pour $x = 0$ où elle est égale à $1/(\varepsilon\sqrt{2\pi})$ et donc très grande. Partout ailleurs, pour x différent de zéro, $\delta_\varepsilon(x)$ tend vers zéro avec ε. En outre, compte tenu de l'équation (A.17), son intégrale est égale à 1.

Si l'on considère alors une fonction continue $f(x)$ et que l'on forme le produit $f(x)\delta_\varepsilon(x)$, il est clair que ce produit est pratiquement nul en dehors d'un voisinage de $x = 0$, où le produit est pratiquement égal à $f(0)\delta_\varepsilon(x)$; son intégrale ne porte que sur un intervalle petit, de l'ordre de ε, et elle est pratiquement égale à $f(0)$. La fonction delta de Dirac, $\delta(x)$, est la limite formelle de $\delta_\varepsilon(x)$ quand ε tend vers zéro. Cette limite n'existe pas au sens ordinaire en tant que fonction, car elle serait nulle partout sauf au point $x = 0$ où elle serait infinie. En revanche, elle est parfaitement bien définie quand elle intervient dans une intégrale aux côtés d'une fonction continue, pour donner la formule clef :

$$\int f(x)\delta(x)dx = f(0). \tag{A.19}$$

Cela permet de restituer les valeurs d'une fonction continue en tous ses points en les écrivant sous la forme d'intégrales :

$$\int f(x)\delta(x-y)dx = f(y). \tag{A.20}$$

Notons aussi une propriété importante de la dérivée $\delta'(x)$ de la fonction delta. On définit cette dérivée de la même façon que la fonction delta, c'est-à-dire comme la limite de la dérivée $\delta_\varepsilon'(x)$ à l'intérieur d'une intégrale. Dans ce cas, une intégration par parties montre que

$$\int_{-\infty}^{+\infty} \delta_\varepsilon'(x)f(x)dx = \left[\delta_\varepsilon(x)f(x)\right]_{-\infty}^{+\infty} - \int_{-\infty}^{+\infty}\delta_\varepsilon(x)f'(x)dx$$

$$= -\int_{-\infty}^{+\infty}\delta_\varepsilon(x)f'(x)dx,$$

où la dernière égalité résulte du fait que la fonction $\delta_\varepsilon(x)$ s'annule à l'infini. On peut alors passer à la limite $\varepsilon \to 0$ pour constater que la dernière intégrale est égale à $-f'(0)$ d'après (A.19). On l'écrit, conventionnellement, sous la forme :

$$\int \delta'(x)f(x)dx = -f'(0), \tag{A.21}$$

ou encore

$$\int \delta'(x-y)f(x)dx = -f'(y) \tag{A.22}$$

et, plus généralement, pour une dérivée d'ordre p quelconque de la fonction de Dirac :

$$\int \delta^{(p)}(x-y)f(x)dx = (-1)^p f^{(p)}(y). \tag{A.23}$$

En somme, le maniement des fonctions delta est d'une grande simplicité, à condition de se rappeler que ces fonctions n'ont de sens qu'à l'intérieur d'une intégrale et de faire confiance aux mathématiciens qui ont démontré que leur usage est effectivement permis.

La transformée de Fourier

On définit la transformée de Fourier $\tilde{f}(k)$ d'une fonction $f(x)$, où x est compris entre $-\infty$ et $+\infty$, comme une fonction $\tilde{f}(k)$ d'une autre variable k, également comprise entre $-\infty$ et $+\infty$, cette fonction étant donnée par l'intégrale de Fourier :

$$\tilde{f}(k) = \int f(x)\exp(-ikx)dx, \qquad (A.24),$$

l'intégration allant de $-\infty$ à $+\infty$.

On note que la transformée de Fourier d'une dérivée $f^{(p)}(x)$ d'ordre p de $f(x)$ est égale à $(-ik)^p\,\tilde{f}(k)$, ce qui permet souvent de ramener des équations différentielles à des équations algébriques en utilisant la transformation de Fourier[5].

Inversion de la transformation de Fourier

On peut inverser explicitement la transformation de Fourier sous la forme

$$f(x) = \int \tilde{f}(k)\exp(ikx)dk/2\pi. \qquad (A.26)$$

Ce résultat présente une grande importance pratique en physique quantique et dans de nombreux autres domaines[6].

Entre autres résultats utiles, on mentionnera également la transformée de Fourier inverse d'un produit de deux transformées de Fourier $\tilde{F}(k) = \tilde{f}(k)\tilde{g}(k)$. La fonction $F(x)$ ayant la fonction $\tilde{F}(k)$ pour transformée de Fourier est donnée par[7]

$$2\pi\int f(x-y)g(y), \qquad (A.27)$$

où $f(x)$ et $g(x)$ ont respectivement $\tilde{f}(k)$ et $\tilde{g}(k)$ pour transformées de Fourier. Finalement, on a une formule assurant la conservation, au facteur 2π près, d'une quantité qui apparaît en physique quantique comme un produit scalaire de deux fonctions :

$$\int f^*(x)g(x)dx = 2\pi\int \tilde{f}^*(k)\tilde{g}(k)dk. \qquad (A.28)$$

Calcul des probabilités

La physique quantique s'appuie fortement sur le calcul des probabilités, parfois avec des considérations subtiles, mais on n'utilise que des notions très simples dans ce livre où les applications n'entrent guère en ligne de compte. On prendra pour exemple les tirages au hasard de trois dés en appelant événement élémentaire le tirage de trois nombres (n, n', n'') où chacun peut aller de 1 à 6. On peut considérer ces événements élémentaires comme des points d'un ensemble, comportant 18 éléments numérotés de 1 à 18. Chacun de ces éléments, j, a une probabilité p_j qui est un nombre positif ou nul en général, la somme de ces probabilités étant normalisée par la condition :

$$\sum_j p_j = 1. \qquad (A.29)$$

Un événement, élémentaire ou non, est associé à un sous-ensemble de tirages possibles ; le sous-ensemble des brelans est constitué, par exemple, par la collection de tirages : {(1, 1, 1), (2, 2, 2), ..., (6, 6, 6)}. L'union de deux sous-ensembles $a \cup b$ est désignée souvent par « a ou b » et leur intersection $a \cap b$ par « a et b ». On dit que deux événements sont mutuellement exclusifs quand l'intersection des sous-ensembles correspondants est vide. Un axiome important du calcul des probabilités est la propriété d'additivité :

$$p(a \text{ ou } b) = p(a) + p(b) \text{ si } a \text{ et } b \text{ sont mutuellement exclusifs.} \quad (A.30)$$

On rencontre aussi la *probabilité conditionnelle* $p(a\,|\,b)$ pour un événement a lorsqu'un événement b est préalablement donné (par exemple, la probabilité d'avoir tiré un brelan d'as avec trois dés, sachant au préalable qu'on a tiré un brelan). Elle est donnée par

$$p(a\,|\,b) = p(a \text{ et } b)/p(b). \qquad (A.31)$$

Quand les événements forment un ensemble continu (par exemple les points d'une droite paramétrés par l'abscisse x), on introduit une densité de probabilité $P(x)$, la probabilité pour qu'un point tiré au hasard ait une abscisse proche de x dans un intervalle dx étant alors donnée par $dp(x) = P(x)dx$.

Notes et compléments

On trouvera ici tout ce qui aurait pu alourdir le texte en rendant sa lecture plus difficile mais qu'il était néanmoins utile de fournir. Il pourra s'agir selon les cas de compléments, de notes, de calculs ou de démonstrations. Quand un calcul intervient, on s'appuie autant que possible sur le minimum mathématique figurant dans l'appendice final, les formules correspondantes étant alors précédées de la lettre A.

CHAPITRE 1

Le possible et le hasard

1. La tentative la plus remarquable pour remettre en question la mécanique quantique a été due à John Bell (*Physics* **1**, 195, 1964 et *Rev. Mod. Phys.* **38**, 447, 1966). Des expériences conduites par Alain Aspect rendent cependant ces propositions très peu vraisemblables ou plus mystérieuses que la théorie quantique (A. Aspect, J. Dalibard, G. Roger, *Phys. Rev. Letters ;* **47**, 460, 1981 ; A. Aspect, P. Grangier, G. Roger, *Phys. Rev. Letters ;* **49**, 1804, 1982).

2. En réalité, l'application du théorème de Schwartz suppose des conditions sur les fonctions d'onde initiale et finale et le noyau G est en général une distribution. Les résultats obtenus dans ce chapitre montrent qu'il s'agit bien d'une fonction, ce qui simplifie d'autant les mathématiques utilisées. D'ailleurs, en règle générale, on n'insiste pas dans ce livre sur les raffinements mathématiques.

3. Un mathématicien noterait que l'équation (1.6) signifie que l'évolution constitue un groupe de transformations dont le paramètre est le temps, mais les méthodes

que nous employons permettent de ne pas faire appel à la théorie des groupes, malgré sa puissance et ses nombreuses applications en théorie quantique.

4. Il est bon de préciser l'origine du facteur 1/2 figurant dans l'exponentielle de la formule (1.8). Les trois conditions que nous avons énoncées ne permettent pas en effet de le préciser et font apparaître à sa place un nombre K *a priori* arbitraire. Celui-ci ne prend une valeur précise que par une correspondance avec la physique classique. L'énergie cinétique d'une particule est prise égale par convention à $\frac{1}{2}mv^2$, alors que n'importe quelle autre expression Kmv^2 aurait aussi bien convenu. Le facteur 1/2 qui apparaît dans l'équation (1.8) anticipe en quelque sorte les conséquences de la dynamique quantique quand on passe à la limite classique et il n'a pas paru nécessaire d'attendre la dérivation de cette limite dans le chapitre 8 pour fixer ce facteur.

5. *Démonstration de la formule* (1.8)

Il sera commode d'écrire la fonction $G(x, y\,;t)$ comme une fonction $g(x, t)$ en tenant compte de sa seule dépendance sur $x - y$ et renommant x cette quantité $x - y$ tout en notant que g ne dépend que de la quantité $mx^2/\hbar t$. Il est commode d'introduire la transformée de Fourier $\tilde{g}(p, t)$ de $g(x, t)$ à l'aide de la formule (A.24) étendue à trois dimensions, dans laquelle on pose $k = p/\hbar$. La transformée de Fourier d'un produit, donnée par la formule (A.27), transforme alors l'équation (1.6) en :
$$\tilde{g}(p, t + t') = \tilde{g}(p, t')\tilde{g}(p, t).$$
Le fait que g soit une fonction du carré du vecteur x, invariante par rotation, entraîne qu'il en soit de même pour $\tilde{g}$, qui ne dépend que de p^2. Le changement de variable $x \to x/\sqrt{t}$ dans la formule de Fourier (A.24) montre alors que $\tilde{g}(p, t)$ ne dépend que de p^2t. L'équation précédente devient donc
$$\tilde{g}(p^2(t + t')) = \tilde{g}(p^2t')\tilde{g}(p^2t)$$
dont la solution est nécessairement de la forme $\tilde{g}(p^2t) = \exp(zp^2t/m\hbar)$, z étant un nombre complexe après retour à une variable sans dimension $p^2t/m\hbar$.

En introduisant la transformée de Fourier $\tilde{\psi}$ de la fonction d'onde, l'équation (A.27) permet alors de remplacer l'équation (1.3) par
$$\tilde{\psi}(p, t) = \exp(zp^2t/m\hbar)\,\tilde{\psi}(p, 0).$$
La conservation des produits scalaires par la transformation de Fourier, exprimée par l'équation (A.28), montre alors que la condition (1.7) implique la relation
$$\int |\psi(p, 0)|^2 d^3p = \int |\psi(p, 0)|^2 \exp\{(z + z^*)p^2t/m\hbar)\}d^3p,$$
laquelle n'est satisfaite que si z est imaginaire pur. On obtient ainsi $\tilde{g}(p, t) = \exp(ip^2t/2m\hbar)$ où le choix $z = i/2$ résulte des conventions expliquées dans la note précédente. La transformée de Fourier inverse de $\tilde{g}(p, t)$, donnée par la formule (A.26), n'est autre que la fonction (1.8) quand on l'exprime en fonction de $x - y$, comme un calcul explicite le montre en utilisant l'intégrale gaussienne (A.17).

6. À vrai dire, on constate en physique des particules qu'il existe une interaction extrêmement faible qui viole l'invariance par renversement du sens du temps. Elle viole également la symétrie entre les particules et les antiparticules, de sorte que la théorie ne peut la rencontrer que dans la théorie quantique des champs où les antiparticules interviennent.

7. Quand Maxwell puis Hertz appliquèrent le principe de moindre action à l'électrodynamique, celui-ci ne pouvait plus être justifié par la dynamique de Newton. Plus tard, Hilbert montra qu'il s'appliquait également aux équations d'Einstein de la relativité générale. Mais pourquoi ce principe apparemment étrange avait-il une telle valeur prédictive ? La mécanique quantique, sous la forme des sommes sur les histoires de Feynman, répondit enfin à cette question, comme on le verra dans le chapitre 8.

8. *Dérivation de l'équation de Schrödinger à partir des sommes sur les histoires*

On se restreindra au cas d'une particule dans un espace à une dimension. Pour une particule libre, la fonction de propagation est encore donnée par la formule (1.8), à la seule différence que le coefficient A, égal à $(im/2\pi\hbar t)^{3/2}$ pour trois dimensions, est remplacé par $(im/2\pi\hbar t)^{1/2}$. On la désignera par $G_0(x, y\,;\,t)$, pour souligner qu'elle se réfère au cas d'une particule libre, en désignant par $G_1(x, y\,;\,t)$ la fonction de propagation beaucoup plus compliquée qu'on rencontre lorsqu'un potentiel $V(x)$ agit sur la particule. La somme sur les chemins peut s'écrire de manière simple si l'on ne fait apparaître que la dernière intégration, au passage de l'instant t_n à l'instant t, avec $t - t_n = \Delta t$. On a alors :

$$\psi(x,t) = \int dy_n\, G_1(x, y_n\,;\,t - t_n)\psi(y_n, t_n). \tag{1.16}$$

La fonction $G_1(x, y\,;\,\Delta t)$ prend dans ce cas une forme calculable, à cause de la petitesse de Δt :

$$\begin{aligned} G_1(x, y\,;\,\Delta t) &\approx A \exp\{im(x - y)^2/2\hbar\Delta t - iV(x)\Delta t/\hbar\} \\ &\approx G_0(x, y\,;\,\Delta t).(1 - iV(x)\Delta t/\hbar). \end{aligned} \tag{1.17}$$

On peut noter une relation simple entre les dérivées de la fonction G_0 :

$$i\hbar\partial G_0(x, y\,;\,t)/\partial t = -(\hbar^2/2m)\partial^2 G_0(x, y\,;\,t)/\partial x^2, \tag{1.18}$$

qui résulte de son expression $G_0(x, y\,;\,t) = (im/2\pi\hbar t)^{1/2} \exp\{im(x - y)^2/2\hbar t\}$. En notant que l'on peut dériver indifféremment la fonction G_1 par rapport à t ou à Δt dans l'équation (1.16), les relations (1.17) et (1.18) donnent :

$$i\hbar\partial G_1(x, y_n\,;\,t - t_n)/\partial t = -(\hbar^2/2m)\partial^2 G_1(x, y_n\,;\,t - t_n)/\partial x^2 + V(x)G_1(x, y_n\,;\,t - t_n),$$

en négligeant des termes qui tendent vers zéro avec Δt. On en déduit immédiatement l'équation de Schrödinger pour la fonction d'onde :

$$i\hbar\partial\psi(x,t)/\partial t = -(\hbar^2/2m)\partial^2\psi(x,t)/\partial x^2 + V(x)\psi(x,t), \tag{1.19}$$

en dérivant le second membre de l'équation (1.3) sous le signe somme.

Note sur la dérivation de la somme sur les histoires à partir de l'équation de Schrödinger

Inversement, on peut déduire la somme sur les histoires de Feynman de l'équation de Schrödinger (1.19). Voir par exemple à ce sujet le livre de B. Simon, *Functional Integration and Quantum mechanics* (Academic Press, New York, 1979). Le principal résultat mathématique est de fournir une justification rigoureuse de la limite apparaissant dans l'équation (1.14). Une conséquence plus intéressante, du point de vue de l'universalité des possibles, est qu'on obtient ainsi une autre forme de la somme sur les histoires, où l'intégration ne porte plus seulement sur les variables de position y_j, mais sur des variables de position et d'impulsion (y_j, p_j), le coefficient A étant beaucoup plus simple. On a en effet, à trois dimensions d'espace :

$$G(x, y\,;t) = \lim_{\Delta t \to 0,\, n \to \infty} \int (\prod_{j=1}^{n} (2\pi\hbar)^{-3} dy_j dp_j) \exp(iS/\hbar) \qquad (1.20)$$

où l'expression de l'action est la forme discrétisée de l'intégrale :

$$S = \int p(t).dx(t) - H(x(t), p(t))dt.$$

La fonction d'Hamilton qui intervient ici est donnée par $H(x, p) = p^2/2\,m + V(x)$. Comme l'action discrétisée apparaît alors comme une fonction gaussienne des variables p_j, on peut intégrer explicitement sur ces variables, ce qui redonne l'équation (1.14).

Du point de vue, de l'universalité des possibles, on notera que la forme (1.20) fait apparaître des histoires $(x(t), p(t))$ dans l'espace de phase, où l'impulsion n'est plus soumise à la relation classique $p(t) = mdx/dt$. L'extraordinaire liberté des possibles n'en apparaît donc que plus grande.

CHAPITRE 2

Les règles quantiques

1. On peut préciser les étapes de l'équation (2.18) en notant que $U^{-1}(t)\varphi_k = \exp(i\,E_k\,t/\hbar)\varphi_k$ mais que les propriétés de conjugaison complexe du produit scalaire entraînent : $(\exp(iE_k t/\hbar)\varphi_k, \psi(0)) = \exp(-iE_k t/\hbar)(\varphi_k, \psi(0))$.

2. Les travaux de Wigner sur le spin sont décrits en détail dans le premier chapitre du livre de Steven Weinberg, *The Quantum Theory of Fields*, Cambridge University Press (1993).

CHAPITRE 3

Une accumulation de difficultés

1. La formule (3.1) résulte de l'équation fondamentale (2.1), en notant que l'on a $\psi = \alpha_1 \varphi^{(1)} + \alpha_2 \varphi^{(2)} + \ldots$, avec $\alpha_j = (\varphi^{(j)}, \psi)$. On laisse de côté les complications mineures qui se produisent quand une même valeur propre est associée à plusieurs vecteurs propres distincts. On dit alors que cette valeur est dégénérée.

2. La dernière égalité dans les équations (3.3) résulte du développement du carré $((A - \langle A \rangle)^2 = A^2 - 2A\langle A \rangle + \langle A \rangle^2$ dont la moyenne est $\langle A^2 \rangle - \langle A \rangle^2$.

3. La formule (3.4) pour la valeur moyenne résulte de l'expression générale (3.3) d'une valeur moyenne en utilisant la base des vecteurs propres de A. En utilisant l'expression (3.1) de la probabilité, on a en effet

$$\langle A \rangle = \sum_j (\varphi^{(j)}, \psi)^* (\varphi^{(j)}, \psi) a^{(j)}. \qquad (3.10)$$

En posant $(\varphi^{(j)}, \psi)a^{(j)} = (\varphi^{(j)}, a^{(j)}\psi) = (\varphi^{(j)}, A\psi)$ et en utilisant la formule (2.6) pour le produit scalaire, on reconnaît dans (3.10) l'expression du produit scalaire $(\psi, A\psi)$.

4. Le *microscope d'Heisenberg* : le calcul justifiant les conclusions d'Heisenberg procède de la manière suivante : soit d la distance du plan focal au diaphragme et a le rayon de celui-ci, en supposant que a soit très petit devant d pour simplifier. Le diaphragme est vu du foyer sous un angle α égal à a/d (en assimilant l'angle à sa tangente). L'indétermination Δp_x sur la composante x de l'impulsion du photon est donc égale au produit $p\alpha$, avec $p = h/\lambda$. Comme l'électron est proche du foyer dans le plan focal, l'indétermination de sa position est $\Delta x \sim d.\Delta\theta$, où $\Delta\theta$ désigne le pouvoir séparateur angulaire du microscope. Finalement, on s'appuie sur la théorie classique de la diffraction montrant que le pouvoir séparateur $\Delta\theta$ est égal à 1,22 λ/a et l'on constate ainsi que le produit $\Delta x.\Delta p_x$ est de l'ordre de h.

5. *Démonstration des relations d'indétermination* : La démonstration générale des relations d'indétermination peut être obtenue dans le cas général en utilisant l'algèbre des opérateurs hilbertiens. On considère deux observables A et B dont le commutateur est défini par

$$[A, B] = i\hbar C. \qquad (3.11)$$

Une propriété générale des adjoints, $(AB)^\dagger = B^\dagger A^\dagger$, montre que l'hermiticité de A et B entraîne celle de C, qui est donc aussi une observable. On considère alors une fonction d'onde ψ et les valeurs moyennes correspondantes $\langle A \rangle$ et $\langle B \rangle$, définies par la formule (3.4). On introduit des observables centrées, définies par $A' = A - \langle A \rangle I$ et $B' = B - \langle B \rangle I$, dont les valeurs moyennes sont nulles dans l'état ψ et le commutateur est le même que celui de A et B. Par conséquent, on a $\Delta A^2 = \langle A'^2 \rangle$, $\Delta B^2 = \langle B'^2 \rangle$.

On considère alors la fonction d'onde $\varphi = (A' + itB')\psi$, où t est un paramètre réel arbitraire. Notant que l'adjoint de l'opérateur $A' + itB'$ est $A' - itB'$, on constate que :

$$(\varphi, \varphi) = (\psi, (A' - itB')(A' + itB')\psi) = \Delta A^2 - \hbar(\psi, C\psi)t + \Delta B^2 t^2$$

Comme le produit scalaire (φ, φ) est toujours positif ou nul et que le dernier membre écrit est un polynôme du second degré en t, son discriminant $\hbar^2\langle\psi, C\psi\rangle^2 - 4\Delta A^2\Delta B^2$ doit être positif et on a donc l'inégalité générale

$$\Delta A.\Delta B \geq \hbar\left|\langle\psi, C\psi\rangle\right|/2.$$

Dans le cas d'une coordonnée X de la position d'une particule et de la composante associée P_x de l'impulsion, on a $[X, P_x] = i\hbar I$, d'où la relation d'indétermination exacte

$$\Delta x.\Delta p_x \geq \hbar/2. \qquad (3.12)$$

6. *Le modèle de Von Neumann pour une expérience de mesure*

Nous sommes restés volontairement vagues sur les aspects mathématiques des superpositions d'ondes dans le cas du chat de Schrödinger. Pour combler cette lacune, l'analyse sera complétée ici par un exemple dû à Von Neumann et d'ailleurs antérieur à l'article de Schrödinger. C'est un modèle fondé sur l'idée que les lois quantiques sont universelles. Une expérience de mesure se réduit donc à une interaction entre deux systèmes quantiques dont l'un, qu'on désigne par Q, est celui qui est mesuré. Parmi ses observables figure l'opérateur A que l'on mesure. Un deuxième système, désigné par M, est l'appareil destiné à mesurer la valeur de A. Von Neumann le modélisait par un système physique à un seul degré de liberté X, représentant la position d'un curseur qui peut se déplacer le long d'une règle graduée. Au début de l'expérience, le curseur est sur la position zéro et sa fonction d'onde $\phi(x)$ est bien localisée autour du point d'abscisse $x = 0$. On peut prendre par exemple pour cette fonction $\phi(x)$ une fonction gaussienne étroite centrée à $x = 0$.

Von Neumann proposait un modèle à la fois simple et élégant pour décrire l'interaction entre les deux systèmes Q et M : il supposait que leur hamiltonien d'interaction était de la forme $H_{\text{int}} = - g(t)\, A.P$, où A était l'observable mesurée et P l'observable canoniquement conjuguée à X, c'est-à-dire l'impulsion du curseur. La fonction $g(t)$ est prise positive et très grande, mais n'est différente de zéro que pendant un court intervalle de temps Δt qui suit immédiatement l'instant $t = 0$ où la mesure est censée se produire. L'interaction entre Q et M a lieu pendant cet intervalle et, compte tenu de la grandeur de $g(t)$, cette interaction domine sur tous les autres termes de l'hamiltonien de Q et de M pendant ce court instant. L'équation de Schrödinger prend alors la forme (2.18) où l'hamiltonien dépend du temps et se réduit à H_{int}. L'opérateur d'évolution entre les instants 0 et Δt prend alors la forme

$$U(0, \Delta t) = \exp(- (i/\hbar)\int_0^{\Delta t} H_{\text{int}}(t)dt) = \exp(- i\lambda AP/\hbar), \qquad (3.13)$$

avec $\lambda = \int_0^{\Delta t} g(t)dt$.

Notons qu'on peut prendre la valeur de λ aussi grande qu'on le désire.

Supposons alors que l'état initial du système Q soit un état propre de A avec une valeur propre $a^{(k)}$ et une fonction propre $\psi^{(k)}$. On a alors $A\psi^{(k)} = a_{(k)}\psi^{(k)}$. L'opérateur d'évolution agit sur la fonction d'onde initiale $\psi^{(k)}\varphi(x)$ et son action donne simplement

$$\psi^{(k)} \exp(- i\lambda\, a^{(k)} P/\hbar)\varphi(\mathrm{x}).$$

Remarquant alors que $P = - i\hbar\partial/\partial x$, le développement en série de l'exponentielle montre que son action sur la fonction d'onde initiale $\phi(\mathrm{x})$ se traduit par :

$$\exp(\lambda a^{(k)}\partial/\partial x)\phi(x) = \sum_{n=0}^{\infty} (\lambda a^{(k)})^n \phi^{(n)}(x)/n! = \phi(x + \lambda a^{(k)}), \qquad (3.11)$$

où l'on a reconnu dans le second terme la série de Taylor de $\phi(x + \lambda a^{(k)})$. Il en résulte qu'aussitôt après l'interaction, la fonction d'onde du curseur a toujours la même forme étroite qu'elle avait initialement, mais elle a été translatée et se trouve maintenant centrée au point d'abscisse $x = - \lambda\, a_k$. Ainsi, le curseur s'est déplacé de cette distance et sa nouvelle position indique explicitement quelle valeur propre de A était présente à l'entrée.

Cette description est évidemment conforme à ce qu'on attendrait d'un appareil de mesure. En revanche, quand l'état initial du système Q est une superposition de la forme $c_1\psi^{(1)} + c_2\psi^{(2)}$ de deux états propres de A, l'état de tout le système $Q + M$ après l'interaction devient

$$c_1\psi^{(1)}\varphi(x + \lambda a^{(1)}) + c_2\psi^{(2)}\varphi(x + \lambda a^{(2)}).$$

On retrouve sur cette expression toutes les particularités du cas du chat de Schrödinger, dont les états « mort » et « vivant » sont remplacés à présent par deux positions macroscopiquement distantes du curseur. La lame de réanimation serait alors représentée par l'action de l'hamiltonien $-H_{int}$, à un instant postérieur à la mesure.

7. On verra au chapitre 7 que la dualité onde-particule est due à la non-commutation de l'observable X pour la position de l'atome et de l'opérateur de projection sur la fonction d'onde.

CHAPITRE 4

Comment comprendre la physique quantique ?

1. Parmi les phénomènes de la physique classique qui mettent en jeu des mathématiques non linéaires, on peut citer en vrac la mécanique des fluides, la turbulence, la plupart des changements de phase et tout ce qui touche à la complexité, en somme une grande partie de la réalité macroscopique.

2. La relation des mathématiques avec les lois fondamentales de la physique a été étudiée dans un autre ouvrage de l'auteur, *Converging Realities, Toward a Common Philosophy of Physics and Mathematics*, Princeton University Press, 2005.

CHAPITRE 5

La décohérence

1. La première caractérisation claire de la décohérence est due à Hans Dieter Zeh, *Foundations of Physics*, **1**, 69 (1970).

2. M. Brune, E. Hagley, J. Dreyer, X. Mestre, A. Maali, C. Wunderlich, J.M. Raimond, S. Haroche, *Physical Review Letters*, **77**, 4887 (1996).

3. On pourrait envisager d'utiliser un signal électromagnétique au lieu d'un dispositif atomique, mais cela n'introduirait pas de différence significative.

4. *Un modèle d'expérience purement conceptuelle et irréalisable*

On reprend ici la discussion au moment du calcul de la probabilité pour que la fonction d'onde réalisée physiquement, $\psi(x, y\,;t_0)$, soit trouvée égale à la fonction calculée, $\varphi(x, y)$. D'après la formule de Born (2.1), cette probabilité est égale au carré du produit scalaire

$$\int \phi^*(x, y)\,\psi(x, y\,;t_0)dydx\,, \qquad (A.1)$$

lequel est en principe égal à 1. Si on peut observer effectivement cette coïncidence, il en résultera une preuve expérimentale de la persistance des superpositions. Or, compte tenu de la connaissance *a priori* de x_1 et x_2, l'intégration sur x de la quantité (A.1) se borne pratiquement à sommer sur les deux valeurs $x = x_1$ et $x = x_2$, de sorte que le produit scalaire se ramène à la somme de deux intégrales qui ne portent que sur la multivariable y.

La seule question qui se pose, après toutes les simplifications extrêmes qui ont été faites, est d'apprécier la fidélité avec laquelle l'appareil A peut reproduire physiquement l'input $\varphi(x, y)$. Pour bien faire la distinction entre le résultat du calcul théorique injecté dans A et la reproduction physique qu'il en donne, on désignera par

$\varphi'(x, y)$ cet output physique. Comme pour toute opération réelle, sa production comporte inévitablement des erreurs, qu'on va essayer d'estimer.

On désigne par N le nombre de degrés de liberté du système décohérent (c'est-à-dire le nombre des variables y_k, avec $k = 1, 2, ..., N$). C'est un nombre assez élevé, comme l'exige le caractère macroscopique de la décohérence. L'intégrale (A.1) porte donc en pratique sur N variables d'intégration. On remplace l'intégration par une sommation sur un ensemble de valeurs discrètes de la multivariable y, c'est-à-dire sur N ensembles de valeurs discrètes pour chaque variable y_k, en considérant cette discrétisation comme inséparable d'une réalisation physique. On peut alors estimer les erreurs qui résultent de cette « réalisation » des interférences. Il semble clair que les conditions les plus favorables à la thèse adverse seront obtenues quand chaque variable y_k ne prend que deux valeurs. Le système S est alors assimilable à une collection de N composantes à deux niveaux (des spins 1/2, par exemple) et l'intégrale devient une somme de 2^N termes.

Désignons par ε l'erreur commise sur chacune des valeurs $\varphi'(x_i, y_k)$ de l'output physique. Pour que le test de la superposition soit concluant, il faut que l'erreur σ sur le produit scalaire (A.1) soit nettement inférieure à 1. Or le calcul des probabilités montre que son carré σ^2 est de l'ordre de $2^N \varepsilon^2$, ce qui implique une borne supérieure de l'ordre de $2^{-N/2}$ sur la valeur de ε. Comme le test doit se faire instantanément (le temps t_0 étant très précis à cause de la rapidité de la décohérence), toutes les valeurs de l'output $\varphi'(x_i, y_k)$ doivent être produites simultanément, ce qui exige très certainement l'intervention de 2^N composantes distinctes de l'appareil A. Nous l'admettrons du moins, comme nous admettrons que la composante élémentaire d'un appareil qui produit un élément de signal avec une erreur inférieure à ε doit comporter un nombre d'atomes au moins égal à ε^{-1}. Le nombre total des atomes qui composent l'appareil A est donc alors au moins égal à $2^{3N/2}$, comme indiqué dans le texte.

5. *Les propriétés* (5.6-5.8) *de la matrice densité*

Dans le cas d'une variable x unique à valeurs discrètes, auquel nous nous restreindrons, la formule (5.6) revient à $\rho_{kj} = \rho_{jk}{}^*$, ce qui est évident. La propriété (5.7) s'obtient en notant que

$$(u, \rho u) = \sum_{j, k} u_j{}^* u_k \int \psi^*(x_j, y) \psi(x_k, y) dy$$

$$= \left| \int \left(\sum_j u_j \psi(x_j, y) dy \right) \right|^2 \geq 0.$$

La formule (5.8) revient à

$$Tr\rho = \sum_j \rho_{jj} = \sum_j \left(\int \psi^*(x_j, y) \psi(x_j, y) dy \right) = |\psi|^2 = 1.$$

6. Le problème de la définition d'une fonction d'onde pour un système momentanément isolé se présente ainsi. En désignant par x des variables associées à ce système et par y d'autres variables appartenant à l'extérieur, en supposant de plus l'existence d'une fonction d'onde $\Psi(x, y)$ pour cet ensemble, est-il possible de passer de là à une fonction d'onde $\psi(x)$ décrivant le système isolé ? Pendant la période d'isolement, celui-ci se traduit par le fait que l'opérateur hamiltonien agissant sur

Ψ est une somme de deux termes de la forme $H_1 + H_2$, lesquels agissent respective-ment sur les variables x et y. On peut démontrer qu'il est alors impossible de cons-truire une fonction $\psi(x)$ dépendant linéairement de $\Psi(x, y)$ et vérifiant l'équation de Schrödinger associée à l'hamiltonien H_1, sauf quand $\Psi(x, y)$ est un produit de la forme $\psi(x).f(y)$.

7. *L'équation d'évolution* (5.9) *pour la matrice densité*

Introduisons les fonctions propres $\psi_j(t)$ et les valeurs propres $p_j(t)$ de la matrice densité $\rho(t)$. L'interprétation de cette matrice comme un tirage au hasard de fonc-tions d'onde montre que les $p_j(t)$ sont des quantités constantes. Les fonctions pro-pres $\psi_j(t)$ évoluent selon l'équation de Schrödinger $\psi_j(t) = U(t)\psi_j(0)$. L'équation aux valeurs propres pour $\rho(t)$ devient alors $\rho(t)\psi_j(t) = p_j\,\psi_j(t)$, d'où l'on déduit $\rho(t) = U^{-1}(t)\,\rho(0)\,U(t)$ et l'équation (5.9) en dérivant par rapport à t et en utilisant l'expression $U(t) = \exp(-i\,Ht/\hbar)$.

8. E. Joos et H. D. Zeh, *Zeitschrif für Physik*, B **59**, 229 (1985).

9. Ce calcul est donné dans l'article original de Joos et Zeh et dans l'Appendice au chapitre 7 du livre *The Interpretation of Quantum Mechanics*, par le présent auteur.

10. N. G. Van Kampen, *Physica*, **20**, 603 (1954).

11. A. Daneri, A. Loinger, G.M. Prosperi, *Nuclear Physics*, **33**, 297 (1962).

12. R.P. Feynman et F.L. Vernon, Jr, *Annals of Physics* (New York), **24**, 118 (1963).

13. K. Hepp et E. H. Lieb, *Helvetica Physica Acta*, **46**, 573 (1974) ; A. O. Caldeira et A. J. Leggett, *Physica A*, **121**, 387 (1983).

14. M. Gell-Mann et J. B. Hartle, *Physical Review*, D **47**, 3345 (1993).

15. R. Omnès, *Physical Review*, A **56**, 3383 (1997).

16. Ces méthodes ont été rassemblées et présentées de façon synthétique par Roger Balian, voir R. Balian, Y. Alhassid et H. Reinhardt, *Phys. Reports*, **131**, 1 (1986).

17. W. H. Zurek, *Physical Review*, D **24**, 1516 (1981).

18. R. Omnès, *Physical Review*, **A 65**, 052119 (2002).

19. *La question des probabilités négligeables*. On s'est parfois interrogé sur le fait que, théoriquement, la décohérence n'est jamais terminée puisqu'il reste toujours des termes interférentiels d'ordre $\varepsilon = \exp(-\mu(x - x')^2\,t)$. Quand on introduit des nombres dans les formules, on note d'abord que si l'on voulait s'assurer de l'effet de ces termes, il faudrait se livrer à des épreuves statistiques sur des systèmes identi-quement préparés, en nombre au moins de l'ordre ε^{-1}. Si, de plus, ces observations étaient réalisées par exemple avec l'aide d'un appareil photographique, on serait contraint d'éclairer le système pour l'observer et l'effet de décohérence dû à l'éclai-rement diminuerait encore énormément la probabilité d'observer un effet de l'ordre de ε, après quoi les nombreux pixels de mémoire ou les grains argentiques de l'appareil subiraient tous, individuellement, une décohérence due à leur propre matière. Tout cela apparaît donc hautement irréalisable. Nous nous rallierons donc au principe d'Émile Borel, un des fondateurs du calcul des probabilités moderne, qui considérait que ce genre de calcul n'a plus de signification quand les probabili-tés descendent très en dessous du détectable.

20. J. Clarke, A.N. Cleland, M.H. Devoret, D. Estève, J.M. Martinis, *Science*, **239**, 992 (1988).

CHAPITRE 6

La logique quantique

1. R.B. Griffths, *Journal of Statistical Physics*, **36**, 219 (1984). Un exposé remarquablement clair de cette théorie a été donné par Griffiths dans son livre *Consistent Quantum Theory*, Cambridge University Press (2002).

2. *Démonstration de l'équation d'évolution* (6.2) : On a $\psi(t) = U(t)\psi(0)$ et en posant $\phi(t) = E(t)\psi(t)$, on voit que la linéarité implique $\phi(t) = U(t)\phi(0)$. On a donc $E(t)U(t)\psi(0) = U(t)E(0)\psi(0)$, ce qui entraîne (6.2).

3. Dans des cas plus complexes, on recourt au formalisme de la théorie quantique des champs.

4. *Démonstration de la dernière égalité* (6.3) : Il suffit d'écrire

$$\left\| E\psi(t) \right\|^2 = (E\psi(t), E\psi(t)) = (U(t)E(t)\psi(0), U(t)E(t)\psi(0))$$

$$= (E(t)\psi(0), U^\dagger(t)U(t)E(t)\psi(0)),$$

où la deuxième égalité résulte de l'équation (6.2). L'unitarité de l'opérateur $U(t)$ permet alors de reconnaître dans le dernier produit scalaire le carré de la norme de $E(t)\psi(0)$.

5. *Démonstration de la formule* (6.4) : pour établir l'expression (6.4) de la probabilité dans le cas général d'un mélange, on introduit la base orthonormée des vecteurs propres ϕ_j de $\rho(0)$ avec leurs valeurs propres p_j. L'interprétation de la matrice densité comme un tirage au sort de ses vecteurs propres avec les probabilités p_j montre que $p = \sum_j p_j \left\| E(t)\phi_j \right\|^2$, ce qui résulte de la règle des probabilités composées et de la formule (6.3) qui donne la probabilité de la propriété $E(t)$ dans l'état pur ϕ_j sous la forme $\left\| E(t)\phi_j \right\|^2$. On réécrit alors cette expression sous la forme :

$p = \sum_j p_j (E(t)\phi_j, E(t)\phi_j)$, soit encore, compte tenu de l'hermiticité de $E(t)$ et de la formule (6.1) : $p = \sum_j p_j (\phi_j, E^2(t)\phi_j) = \sum_j p_j (\phi_j, E(t)\phi_j)$. En introduisant les éléments de matrice $E_{jk}(t)$ de l'opérateur $E(t)$, ceci s'écrit encore $\sum_j p_j E_{jj}(t)$, expression dans laquelle on reconnaît la trace (6.4), puisque la matrice $\rho(0)$ est diagonale et que les quantités p_j sont ses éléments diagonaux.

6. *La construction d'une famille minimale autour d'une histoire donnée*

On commence par définir le projecteur complémentaire $\bar{E} = I - E$ d'un projecteur E : cet opérateur est évidemment hermitien. De plus, on a $\bar{E}^2 = (I - E)^2 = I - 2E + E^2 = I - E$, d'après (6.1), c'est-à-dire $\bar{E}^2 = \bar{E}$. Cet opérateur est donc un projecteur. Le sous-espace de l'espace d'Hilbert sur lequel il projette est orthogonal au sous-espace M sur lequel E projette, comme on le vérifie à l'aide des relations $\bar{E}E = E\bar{E} = 0$.

Étant donné une histoire $(E_1(t_1), E_2(t_2), ..., E_n(t_n))$ que l'on veut étudier, on peut construire la famille minimale d'histoires qui la contient en remplaçant un nombre quelconque des projecteurs $E_j(t_j)$ qui y figurent par leurs complémentaires $\bar{E}_j(t_j)$.

Tous les événements rapportés par l'histoire sont alors supposés avoir eu lieu, ou non, et cela constitue bien un recensement complet de toutes les éventualités, même s'il est grossier.

7. G. Nistico, *Foundations of Physics*, **29**, 221 (1999).

8. *L'équivalence des formules* (6.4) et (6.8) résulte de
$$Tr(E(t)\rho(0)E(t)) = Tr(\rho(0)E^2(t)) = Tr(\rho(0)E(t)),$$
la première égalité étant obtenue par la permutation des facteurs $E(t)$ et $\rho(0)E(t)$ dans la trace, la seconde étant due à la propriété (6.1) des projecteurs.

9. Ces constructions sont précisées dans le livre de Griffiths cité plus haut ou *Comprendre la mécanique quantique* par le présent auteur.

10. L'origine des conditions de consistance réside à nouveau dans le principe de superposition, qui s'oppose aux écarts du langage ordinaire quand celui-ci s'aventure dans le monde quantique. La condition (6.9) exprime l'additivité des probabilités d'histoires, mais celles-ci, comme toutes les probabilités quantiques, proviennent de carrés d'amplitudes, comme on pourrait le montrer pour la formule (6.8) en remontant aux histoires de Feynman. Il est clair, d'un point de vue mathématique, que l'additivité des amplitudes, résultant du principe de superposition, peut entrer en conflit avec l'additivité des probabilités et il est tout à fait remarquable que le langage « physiquement correct », établi par l'usage, permet effectivement d'éviter ces pièges dans la plupart des cas.

11. *Une démonstration élémentaire des conditions de consistance* (6.10)

On considère une famille d'histoires à deux temps t_1 et t_2. Pour alléger l'écriture, on n'écrit pas explicitement ces temps, qui sont sous-entendus par les indices portés par les projecteurs. Il suffit de considérer quatre histoires appartenant à la famille, de la forme
$$\{E_1, E_2\}, \{E_1, E'_2\}, \{E'_1, E_2\}, \{E'_1, E'_2\},$$
avec $E_1 E'_1 = E'_1 E_1 = 0$, $E_2 E'_2 = E'_2 E_2 = 0$ (orthogonalité). On introduit les projecteurs $F_1 = E_1 + E'_1$ et $F_2 = E_2 + E'_2$. La condition d'additivité des probabilités impose alors les relations
$$p(F_1, E_2) = p(E_1, E_2) + p(E'_1, E_2) \qquad (6.16)$$
$$p(E_1, F_2) = p(E_1, E_2) + p(E_1, E'_2) \qquad (6.17)$$
et des conditions analogues. L'expression (6.7) pour les probabilités montre que
$$p(F_1, E_2) = Tr\{E_2\, F_1\, \rho\, F_1\, E_2\} = Tr\{E_2\, (E_1 + E'_1)\rho\, (E_1 + E'_1)\, E_2\}.$$
L'expression des probabilités $p(E_1, E_2)$ et $p(E'_1, E_2)$, par exemple
$$p(E_1, E_2) = Tr\{E_2\, E_1\, \rho\, E_1\, E_2\},$$
montre que la condition d'additivité (6.16) s'écrit
$$Tr\{E_2\, E_1\, \rho\, E'_1\, E_2\} + Tr\{E_2\, E'_1\, \rho\, E_1\, E_2\} = 0. \qquad (6.18)$$
On utilise alors les propriétés d'hermiticité des projecteurs et l'algèbre des adjoints, qui donnent :
$$Tr\{E_2\, E'_1\, \rho\, E_1\, E_2\}^* = Tr\{(E_2\, E'_1\, \rho\, E_1\, E_2)^{\dagger}\} = Tr\{E_2\, E_1\, \rho\, E'_1\, E_2\}.$$
La condition (6.18) devient donc : $\mathrm{Re}\, Tr\{E_2\, E_1\, \rho\, E'_1\, E_2\} = 0$, qui est de la forme (6.10).

La condition (6.17) donne de manière analogue
$$Tr\{E_2\, E_1\, \rho\, E_1\, E'_2\} + Tr\{E'_2\, E_1\, \rho\, E_1\, E_2\} = 0,$$

mais chacun des deux termes est nul, comme on le voit par une permutation dans la trace. En effet,

$\mathrm{Tr}\{E_2\,E_1\,\rho\,E_1\,E'_2\} = \mathrm{Tr}\{E_1\,\rho\,E_1\,E'_2\,E_2\} = 0$

car $E'_2\,E_2 = 0$.

12. R. P. Feynman, R. B. Leighton, M. Sands, *The Feynman Lectures on Physics*, volume III, McGraw-Hill, New York (1965).

13. *Vérification des conditions de consistance pour la dualité onde-particule* :

Tous les calculs seront faits dans le cas d'un état initial associé à une fonction d'onde ψ, comme dans le texte. L'expression des traces qui entrent dans les probabilités se simplifie alors grâce à la formule :

$$Tr(A\rho\,B) = (B^{\dagger}\psi, A\psi), \qquad\qquad (6.19)$$

valable pour des opérateurs quelconques A et B.

Les conditions de consistance de la famille d'histoires introduite dans le texte se ramènent alors aux suivantes, où les temps sont sous-entendus :

$$(E_2^{(m)}\bar{E}_1\psi, E_2^{(m)}E_1\psi) = 0,$$
$$(E_2^{(m)}E_1\psi, E_2^{(r)}E_1\psi) = 0, \text{ pour } m \neq r.$$

La première condition résulte de $\bar{E}_1\psi = 0$, la seconde du fait que les deux projecteurs $E_2^{(m)}$ et $E_2^{(r)}$ projettent sur des sous-espaces orthogonaux de l'espace d'Hilbert.

La probabilité d'une histoire d'interférence

La probabilité de l'histoire $\{E_1(t_1), E_2^{(m)}(t_2)\}$ est donnée par

$$p = Tr\{E_2^{(m)}(t_2)E_1(t_1)\rho E_1(t_1)E_2^{(m)}(t_2)\},$$

soit encore, en utilisant la formule (6.19),

$$p = \left\|E_2^{(m)}(t_2)E_1(t_1)\psi(0)\right\|^2.$$

En utilisant l'équation (6.2) pour l'évolution des projecteurs et l'équation de Schrödinger sous la forme $\psi(t) = U(t)\psi(0)$, ainsi que la relation $E_1(t_1)\psi(t_1) = \psi(t_1)$, on obtient

$$p = \left\|E_2^{(m)}(t_2)\psi(t_2)\right\|^2 = \int \left|\psi(x,t_2)\right|^2 dV,$$

où l'intégration porte sur la cellule m. Ce résultat est identique à celui qu'on avait trouvé dans le chapitre 3. Elle est proportionnelle à $\cos^2(2kay/D)$, si l'on reprend les notations de la formule (3.9).

14. *La violation des conditions de consistance pour le passage par un seul trou d'Young*

On introduit cette fois trois projecteurs pour l'instant t_1 : E_1 qui projette sur ϕ_1, E_2 qui projette sur ϕ_2 et $E_3 = I - E_1 - E_2$. Comme dans les calculs précédents, le temps ne joue qu'un rôle muet et on peut travailler avec des ondes et des opérateurs stationnaires. Une des conditions de consistance prend alors la forme

$$Tr\{E^{(m)}E_1\rho E_2 E^{(m)}\} = 0,$$

soit encore, au vu de la formule (6.19) :

$$(E^{(m)}E_2\psi, E^{(m)}E_1\psi) = 0,$$

ce qui s'écrit encore, explicitement :

$$\int \phi_2^{*}(x)\,\phi_1(x)dx = 0.$$

Or il est clair que cette quantité est proportionnelle à $\exp\{ik(R_1 - R_2)\}$ avec les notations du chapitre 3, d'où le résultat mentionné dans le texte découle immédiatement.

15. R. Omnès, *J. Stat. Phys.*, **53**, 893 (1988).

16. Les calculs correspondants sont examinés sous plusieurs faces dans le livre de Griffiths (*loc. cit.*) et les deux ouvrages précédents du présent auteur.

17. A. Einstein, B. Podolsky, N. Rosen, *Phys. Rev.*, **47**, 777 (1935).

18. F. Dowker et A. Kent, *J. Stat. Phys.*, **82**, 1575 (1996).

19. Voir la référence de cet ouvrage dans la note 1.

CHAPITRE 7

L'émergence
de la physique classique

1. La causalité et le déterminisme ne sont pas des concepts identiques. Ainsi, en mécanique classique, la dynamique est déterministe en ce sens qu'une donnée exacte des conditions initiales implique en principe une prédiction exacte du mouvement ultérieur. En revanche, dans le cas des systèmes chaotiques, le mouvement est si sensible à la précision des conditions initiales que toute prédiction réaliste devient impossible. En d'autres termes, la causalité cesse d'être effective.

2. Si on introduit la densité de probabilité en x comme la fonction $f(x) = \int F(x, p)\, dp$ et de même $g(p) = \int F(x, p)\, dx$ pour la densité de probabilité en p, cette condition revient à imposer

$$\langle x|\rho|x\rangle = f(x) \text{ et } (2\pi\hbar)^{-3}\langle p|\rho|p\rangle = g(p). \qquad (7.14)$$

3. *Quelques propriétés de la correspondance de Wigner-Weyl* (7.4) *et* (7.5)

On utilisera la notation de Dirac dans laquelle la formule (7.5) s'écrit

$$a(x, p) = \int \langle x'|A|x'\rangle \delta\left(x - \frac{x' + x'}{2}\right) e^{ip(x'' - x')/\hbar}\, dx'dx''. \qquad (7.15)$$

Les formules (7.14) en résultent en tenant compte du produit scalaire

$$\langle x|p\rangle = (1/\sqrt{2\pi\hbar})\exp(ipx/\hbar). \qquad (7.16)$$

On vérifie de la même façon que le symbole associé à l'opérateur X est la fonction de x et p identiquement égale à x, alors que celui de l'opérateur $P = -i\hbar\partial/\partial x$ est égal à p. Ceci s'étend à des fonctions de x ou de p et le symbole de l'opérateur de Schrödinger $P^2/2m + V(X)$ est la fonction $p^2/2m + V(x)$, identique à l'énergie classique.

4. *Inversion de la formule (7.5)*. Les propriétés d'inversion de la transformation de Fourier permettent d'écrire :

$$\langle x'|A|x''\rangle = \int a\left(\frac{x' + x''}{2}, p\right) e^{ip(x' - x'')/\hbar}\, dp/\sqrt{2\pi\hbar}.$$

5. L'exposé le plus complet de l'analyse microlocale se trouve dans une série de quatre volumes écrits par Lars Hörmander, *The Analysis of Partial Differential Linear Equations*, Springer, Berlin (1985). Sa lecture est cependant difficile et les éléments nécessaires à la correspondance classique/quantique ont été rassemblés par l'auteur sous une forme plus proche du langage des physiciens (*J. Math. Phys.* **38**, 697 [1997]).

6. *Dérivation de la formule* (7.6) : le point de vue est le même que celui qui conduisait à la formule (6.2) pour les projecteurs dépendant du temps. Ici on pose

$A(t) = U^{-1}(t)\, AU(t)$, avec $U(t) = \exp(-iHt/\hbar)$, d'où l'équation (7.6) résulte aussitôt.

7. On indique ici la forme générale du symbole $c = a_* b$ associé au produit $C = AB$ de deux opérateurs A et B, davantage pour satisfaire la curiosité légitime de certains lecteurs que dans l'intention de l'utiliser. On définit d'abord l'opérateur de Poisson par la formule de dérivation

$$\{\ldots\} = \frac{\overleftarrow{\partial}}{\partial p} \cdot \frac{\overrightarrow{\partial}}{\partial x} - \frac{\overleftarrow{\partial}}{\partial x} \cdot \frac{\overrightarrow{\partial}}{\partial p}$$

où le sens des flèches signifie que la dérivation s'effectue sur une fonction située à gauche ou à droite du symbole. On a alors

$$c(c, p) = a(x, p)\exp(-i\hbar\{\ldots\}/2)b(x, p),$$

où l'exponentielle est définie par son développement en série de l'opérateur de Poisson. Le maniement correct de cette équation exige néanmoins des compléments et des précautions dans lesquels nous ne pouvons entrer.

8. Explicitement, on a la formule déjà lourde :

$$\partial a/\partial t = \{H, a\} - \frac{\hbar^2}{24}(\partial^3 H/\partial^3 p.\partial^3 a/\partial^3 x - \partial^3 H/\partial^3 x.\partial^3 a/\partial^3 p$$

$$- 3\partial^3 H/\partial p\partial^2 x.\partial^3 a/\partial^2 p\partial x + 3\partial^3 H/\partial^2 p\partial x.\partial^3 a/\partial p\partial^2 x) + O(\hbar^4).$$

9. Le cas du champ électromagnétique fait l'objet d'une méthode spécifique utilisant des « états cohérents » introduits par Roy Glauber.

10. Le théorème de Hörmander en question est paru dans *Ark. Mat.(Sweden)*, **17**, 297 (1979).

11. Par exemple, le symbole doit passer de 0 à 1 à l'intérieur d'une bande bordant la frontière, de largeur $\varepsilon\Delta x$ le long des côtés parallèles à l'axe des p et de largeur $\varepsilon\Delta p$ pour ceux parallèles à l'axe des x, le facteur ε étant de l'ordre de $(\hbar/\Delta x.\Delta p)^{1/2}$.

12. L'introduction de probabilités procède ainsi : on introduit un état quantique qui vérifie exactement la propriété E, sa matrice densité réduite étant donnée par $\rho = E/Tr(\mathrm{E})$. La probabilité de la propriété E' est alors donnée par $P = Tr(\rho E')$, de sorte que l'exclusion s'exprime par la petitesse de la quantité $Tr(EE')$.

13. L'élément de volume dans l'espace de phase, quand il y a n degrés de liberté q et de moments p, peut s'écrire commodément $d^n q.d^n p/(2\pi\hbar)^n$.

14. La dérivation de l'équation (7.11) est la même que celle de l'équation (6.2).

15. De manière analogue à la note 12, la probabilité d'erreur de la formule cruciale (7.12) est donnée par $Tr(|E_t - E_0(t)|)/Tr(E_0)$. Rappelons que la valeur absolue $|A|$ d'un opérateur A est l'opérateur hermitien positif tel que $|A|^2 = AA^\dagger$.

16. Voir par exemple l'article mentionné dans la note 5.

17. Voir la référence de la note 20 au chapitre 5 ou les chapitres 10 et 11 de *Interpretation of Quantum Mechanics* par le présent auteur (Princeton University Press, 1994).

18. Dans la réalité, les phénomènes de frottement ou de dissipation ne permettent jamais d'atteindre le niveau de chaos où les limitations quantiques pourraient intervenir.

19. Il existe apparemment des problèmes analogues en biologie, par exemple lors du passage des molécules à la vie ou des cellules aux organes, mais on n'en possède pas encore une explication fondamentale.

CHAPITRE 8

Mesures quantiques

1. Voir par exemple B. d'Espagnat, *Conceptual Foundations of Quantum Mechanics*, Advanced Book Program, Perseus Books, Reading (Mass.), 1999.

2. En général, si P_n désigne le projecteur exprimant le résultat, la probabilité s'exprime en fonction de la matrice densité sous la forme $Tr(\rho P_n)$.

3. Pour la matrice densité, ceci devient $\rho \rightarrow P_n \rho P_n / Tr(P_n \rho P_n)$.

4. R. Omnès, *Rev. Mod. Phys.*, **64**, 339 (1992).

5. Voir T. Tani, Physics Today, **42**, 36 (septembre 1989) ; J. Belloni-Cofler *et al.*, *Endeavour*, **15** (1), 2 (1991).

6. L'existence d'un projecteur décrivant la position du photon repose sur les méthodes microlocales du chapitre 7.

7. C'est le cas pour les mesures effectuées sur les SQUID à comportement quantique mentionnées au chapitre 5.

8. Voir B. d'Espagnat, *Le Réel voilé, analyse des concepts quantiques*, Fayard (1994).

9. M. Gell-Mann, dans les *Proceedings of the 4th Drexel Symposium on Quantum Non-Integrability – The Quantum-Classical Correspondence*, Drexel University, 8-11 septembre 1994, D. H. Fend, éd., Philadelphia International Press, 1996. Voir aussi *Le Quark et le jaguar* par le même auteur.

R. B. Griffiths, *Consistent Quantum Physics*, Cambridge University Press, 2002.

E. Joos, H.D. Zeh, C. Kiefer, D. Giulini, K. Kupsch, I.O. Stamatescu, *Decoherence and the Appearance of a Classical World in Quantum Theory*, Springer, Berlin (2003).

10. Cette appellation est due au philosophe Edmund Husserl.

11. Ce point de vue est mentionné comme une possibilité dans la référence 4 et dans *Philosophie de la science contemporaine*, Gallimard, « Folio Essais » (1994).

12. H. Everett, *Rev. Mod. Phys.*, **29**, 454 (1957).

13. E. London, E. Bauer, *La Théorie de l'observation en mécanique quantique*, Hermann, Paris (1939). E. Wigner, *Interpretation of Quantum Mechanics*, reproduit dans J.A. Wheeler et W. H. Zurek, *Quantum Theory and Measurement*, Princeton University Press (1983).

14. D. Bohm, *Phys. Rev.*, **85**, 166 (1952), voir D. Bohm et B.J. Hiley, *The Undivided Universe*, Routledge, 1993.

15. G.C. Ghirardi, A. Rimini, T. Weber, *Phys. Rev.*, *D* **34**, 470 (1986).

16. P. Pearle, *Phys. Rev.*, D **13**, 857 (1976).

17. R. Penrose, *Gen. Rel. Grav.*, **28**, 581 (1996). Voir aussi *Les Deux Infinis et l'esprit humain*, Flammarion, 1999. Mentionnons aussi le point de vue original de Stephen

Adler, *Quantum Theory as an Emergent Phenomenon*, Cambridge University Press (2004).

Appendice mathématique

1. *Démonstration de la formule* (A.8) : On se restreint à des matrices 2×2. En posant $C = AB$ et $C' = BA$, on a

$$Tr(C) = c_{11} + c_{22} = (a_{11}b_{11} + a_{12}b_{21}) + (a_{21}b_{12} + a_{22}b_{22}),$$

$$Tr(C') = c'_{11} + c'_{22} = (b_{11}a_{11} + b_{12}a_{21}) + (b_{21}a_{12} + b_{22}a_{22}),$$

et ces quantités sont évidemment égales.

2. *Démonstration de* $(kx, x') = k^*(x, x')$. Limitons-nous au cas de vecteurs à deux dimensions. On a alors :

$$(kx, x') = (kx_1)^* x'_1 + (kx_2)^* x'_2 = k^* x_1 {}^* x'_1 + k^* x_2 {}^* x'_2$$

$$= k^*(x_1 {}^* x'_1 + x_2 {}^* x'_2) = k^*(x, x')$$

3. *Vecteurs propres et valeurs propres d'une matrice hermitienne.* Si l'on a l'équation (A.15) et en outre l'équation analogue $Ax' = a'x'$, on en déduit à l'aide de l'équation (A.14) que

$$(x, Ax') = (x, a'x') = a'(x, x') \,;\, (x, Ax') = (Ax, x') = (ax, x') = a^*(x, x'),$$

d'où l'égalité $(a - a^*)(x, x') = 0$, ce qui entraîne $a = a^*$ quand on prend $x = x'$. Les valeurs propres sont donc bien des nombres réels. On a en outre $(x, x') = 0$ pour $a \neq a'$, ce qui montre que les vecteurs propres associés à deux valeurs propres différentes sont orthogonaux (c'est-à-dire de produits scalaires nuls).

4. *Calcul de l'intégrale* (A.16). On considère l'intégrale double $J = \iint \exp[-(x^2 + y^2)/2]dxdy$ dans tout le plan de coordonnées (x, y). Compte tenu de la relation $\exp(-(x^2 + y^2)/2) = \exp(-x^2/2) \exp(-y^2/2)$, on peut l'écrire sous la forme $J = \int_{-\infty}^{+\infty} \exp(-x^2/2)dx \int_{-\infty}^{+\infty} \exp(-y^2/2)dy$, ou encore $J = I^2$, en désignant par I l'intégrale cherchée $\int_{-\infty}^{+\infty} \exp(-x^2/2)dx$. Il suffit donc de calculer J, ce qu'on fait en passant des coordonnées cartésiennes du plan (x, y) à des coordonnées polaires (r, θ). La fonction à intégrer s'écrit alors $\exp(-r^2/2)$ et l'élément d'aire dxdy devient rdrdθ. On obtient ainsi $J = \int_0^{2\pi} d\theta \int_0^\infty rdr \exp(-r^2/2)$. L'intégrale sur θ donne un facteur 2π et le changement de variable $t = r^2/2$ montre que $J = 2\pi \int_0^\infty e^{-t}dt = 2\pi\left[-e^{-t}\right]_0^\infty = 2\pi$,

d'où $I = \sqrt{2\pi}$.

5. *La transformée de Fourier d'une dérivée.* Il s'agit de montrer que la transformée de Fourier d'une dérivée $f^{(p)}(x)$ d'ordre p de la fonction $f(x)$ est égale à $(-ik)^p \tilde{f}(k)$, On suppose d'abord que la fonction $f(x)$ et ses dérivées s'annulent à l'infini et, dans le cas $p = 1$, on a

$$\int_{-\infty}^{+\infty} f'(x)\exp(-ikx)dx = \left[f(x)\exp(-ikx)\right]_{-\infty}^{+\infty} - \int_{-\infty}^{+\infty} f(x)(d/dx)\exp(-ikx)dx$$

$$= ik \int f(x) \exp(-ikx) \, dx = ik\tilde{f}(k).$$

La théorie des distributions permet de donner un sens à ce résultat dans des conditions très larges et il nous arrivera de l'utiliser sans plus de commentaires.

6. *L'inversion de la transformation de Fourier.* On considère l'intégrale

$$G(x) = \int \tilde{f}(k)\exp(ikx)dk.$$

et il s'agit de montrer que $G(x) = 2\pi f(x)$. Pour cela, on remplace $\tilde{f}(k)$ par son expression $\int f(y)\exp(-ik'y)dy$, ce qui donne

$$G(x) = \int f(y)\exp\{ik(x-y)\}dydk.$$

Pour assurer un sens à cette expression, on la considère comme la limite de

$$G_\varepsilon(x) = \int f(y)\exp\{-\varepsilon^2 k^2/2 + ik(x-y)\}dydk$$

à la limite $\varepsilon \to 0$. L'intégration sur k est une application directe de la formule (A.17) et donne

$$G_\varepsilon(x) = \frac{\sqrt{2\pi}}{\varepsilon}\int f(y)\exp\{-(x-y)^2/2\varepsilon^2\}dy = 2\pi\int f(y)\delta_\varepsilon(x-y)dy,$$

dont la limite est évidemment $2\pi f(x)$ quand $\varepsilon \to 0$.

7. *Démonstration des formules* (A.27) *et* (A.28). La démonstration précédente revient à justifier l'utilisation de la formule simple

$$\int e^{ikx}dk = 2\pi\delta(x),$$

à laquelle (A.27) se ramène

$$F(x) = \int \tilde{f}(k)\tilde{g}(k)\exp(ikx)dk = \int f(z)g(y)\exp\{ik(x-y-z)\}dkdydz$$

$$= 2\pi\int f(z)g(y)\delta(x-y-z)dydz$$

$$= 2\pi\int f(x-y)g(y)dy$$

et (A.28) par

$$\int f^*(x)g(x)dx = \int \tilde{f}^*(k)\tilde{g}(k')\exp\{i(k'-k)x\}dkdk'dx = 2\pi\int \tilde{f}^*(k)\tilde{g}(k')\delta(k'-k)dkdk'$$

$$= 2\pi\int \tilde{f}^*(k)\tilde{g}(k)dk.$$

Index

Table

CHAPITRE 4
Comment comprendre
la physique quantique ?

CHAPITRE 5
La décohérence

CHAPITRE 6
La logique quantique

CHAPITRE 7
L'émergence de la physique classique

DU MÊME AUTEUR

Soyez savants, devenez prophètes, avec Georges Charpak, Odile Jacob, 2004 ;
« Poches Odile Jacob », 2005.
Converging Realities. Toward a Common Philosophy of Physics and Mathematics, Princeton University Press, 2004.
Comprendre la mécanique quantique, EdP Sciences, 2000.
L'Espion d'ici, Flammarion, 2000.
Philosophie de la science contemporaine, Gallimard, « Folios Essais », 1994.
Interpretation of Quantum Mechanics, Princeton University Press, 1994.

Imprimé par Lightning Source France
1 avenue Gutenberg
78310 Maurepas

N° d'édition : 7381-1820-Y